U0585497

中国饲料工业统计

2016

全国饲料工作办公室
中国饲料工业协会 编

中国农业出版社

图书在版编目（CIP）数据

中国饲料工业统计 . 2016 / 全国饲料工作办公室，
中国饲料工业协会编 . —北京：中国农业出版社，
2017.9
　　ISBN 978-7-109-23231-0

　　Ⅰ. ①中… 　Ⅱ. ①全… 　②中… 　Ⅲ. ①饲料工业—统
计资料—中国—2016 　Ⅳ. ①F326.3-66

　　中国版本图书馆 CIP 数据核字（2017）第 189243 号

中国农业出版社出版
（北京市朝阳区麦子店街 18 号楼）
（邮政编码 100125）
责任编辑　汪子涵

北京中兴印刷有限公司印刷　　新华书店北京发行所发行
2017 年 9 月第 1 版　　2017 年 9 月北京第 1 次印刷

开本：720mm×960mm　1/16　印张：8.5　插页：2
字数：157 千字
定价：150.00 元
（凡本版图书出现印刷、装订错误，请向出版社发行部调换）

[编委会]

主　　　任　　马有祥

副　主　任　　孔　亮　　贠旭江

委　　　员　　马有祥　　孔　亮　　贠旭江　　李大鹏　　田建华
　　　　　　　张晓宇　　杜　伟　　刘　杰　　张毅良　　张保延
　　　　　　　吴　浩　　张志宏　　檀苍中　　郭文娟　　魏振兴
　　　　　　　荆　彪　　张　敏　　高雪峰　　刘占喜　　张建勋
　　　　　　　李　闯　　金亨吉　　韩　铁　　朱良坤　　王向红
　　　　　　　林卫东　　何麒麟　　颜京平　　杨丽娟　　朱家新
　　　　　　　葛莉莉　　董卫星　　杨　林　　郑立威　　丘建华
　　　　　　　刘碧堂　　孙　新　　文　虹　　徐秋团　　孔凡德
　　　　　　　边　琨　　蔡文军　　王　鹏　　董文忠　　王仲才
　　　　　　　陈志军　　陈旭高　　张永发　　于秋楠　　闭　强
　　　　　　　卢丽枝　　严　坚　　黄云青　　黎金莲　　许会军
　　　　　　　潘　川　　周朝华　　吴　岚　　孙玉忠　　沈德林
　　　　　　　徐祖林　　高婷婷　　刘万军　　叶　玲　　瞿惠玲
　　　　　　　王秋娟　　曾植俊　　张　茹　　柴育东　　王建林
　　　　　　　王小民　　于纪彪

主　　　编　　田建华　　李大鹏

副　主　编　　杜　伟　　张晓宇

编辑人员　　　田建华　　杜　伟　　刘　杰　　陆泳霖　　刘芊麟
　　　　　　　杨义忠　　陈亚楠　　王　欢

编　者　说　明

一、《中国饲料工业统计 2016》是一本反映我国饲料工业生产情况的统计资料工具书。内容包括 3 个部分。第一部分为 2016 年饲料生产统计，数据由各省（自治区、直辖市）饲料部门提供。第二部分为 2016 年主要饲料原料进出口的情况，数据来源于海关总署。第三部分为 2016 年全国饲料生产形势分析，由中国饲料工业协会信息中心提供。其中，文中所提 180 家重点跟踪企业的年度总产量约占全国饲料总产量的 10%。由于所选企业的规模产量高于全国平均水平的居多，故仅供趋势性参考。畜产品价格来源于全国农产品批发市场价格信息网。

二、本书所涉及的全国性统计指标未包括香港、澳门特别行政区和台湾省数据。

三、本书部分数据合计数或相对数由于单位取舍不同而产生的计算误差均未作机械调整。

四、有关符号的说明："-"表示数据不详或无该项指标。

目　　录

第一部分　2016 年饲料生产统计

2016 年全国饲料工业统计简况*

2016 年，全国饲料工业积极适应"新常态"，创新发展方式，加大结构调整力度、加快产业融合整合，优化产业战略布局，强化产品质量管理，进一步提升了行业规范化和可持续健康发展能力，产业体系更趋成熟，产业发展更加效能，实现了全国饲料产业由量到质的转变，实现了饲料工业"十三五"规划良好开局。

一、商品饲料总产量恢复性增长

截至 2016 年 12 月 31 日，全国共有 11 627 家饲料和饲料添加剂生产企业，配合饲料、浓缩饲料和精料补充料生产企业 7 047 家，添加剂预混合饲料生产企业 2 396 家；饲料添加剂生产企业 1 947 家，（化工合成、生物发酵、提取等工艺直接制备饲料添加剂企业 1 099 家，混合型饲料添加剂生产企业 848 家）；单一饲料生产企业 2 167 家。2016 年全国商品饲料总产量 20 918 万吨，同比增长 4.5%。其中，配合饲料产量 18 395 万吨，同比增长 5.7%；浓缩饲料产量 1 832 万吨，同比下降 6.5%；添加剂预混合饲料产量 691 万吨，同比增长 5.8%。

二、产品结构继续调整

1. 不同品种饲料产品情况。2016 年，猪饲料产量 8 726 万吨，同比增长 4.6%；蛋禽饲料产量 3 005 万吨，同比下降 0.5%；肉禽饲料产量 6 011 万吨，同比增长 9.0%；水产饲料产量 1 930 万吨，同比增长 1.9%；反刍动物饲料产量 880 万吨，同比下降 0.5%；其他饲料产量 366 万吨，同比增长 3.5%。

2. 不同类别饲料产品情况。在配合饲料中，猪配合饲料总产量 7 175 万吨，同比增长 5.5%；蛋禽配合饲料 2 536 万吨，同比增长 1.2%；肉禽配合饲料 5 799 万吨，同比增长 9.9%；水产配合饲料 1 904 万吨，同比增长 2.1%；精料补充料 658 万吨，同比增长 0.3%；其他配合饲料 323 万吨，同比增长 10.1%。

在浓缩饲料中，猪浓缩饲料总产量 1 138 万吨，同比下降 3.0%；蛋禽浓缩饲料 317 万吨，同比下降 13.0%；肉禽浓缩饲料 170 万吨，同比下降

---

* 本文的统计数据来源于各省（自治区、直辖市）统计数据。

9.4%；水产浓缩饲料 2 万吨，同比下降 45.5%；反刍动物浓缩饲料 183 万吨，同比下降 6.0%；其他浓缩饲料 22 万吨，同比下降 40.3%。

在添加剂预混合饲料中，猪添加剂预混合饲料总产量 412 万吨，同比增长11.9%；蛋禽添加剂预混合饲料 152 万吨，同比增长 0.8%；肉禽添加剂预混合饲料 43 万吨，同比下降 19.2%；水产添加剂预混合饲料 24 万吨，同比下降1.2%；反刍动物添加剂预混合饲料 39 万吨，同比增长 16.1%；其他添加剂预混合饲料 21 万吨，同比下降 11.9%。

三、饲料产业集中度不断提升

2016 年，饲料产量过千万吨的省份 9 个，较 2015 年增加 1 个，新增地区为四川省。9 个省份饲料总产量 13 548 万吨，占全国总产量的 64.8%，较2015 年提高 1.2 个百分点（图 1）。

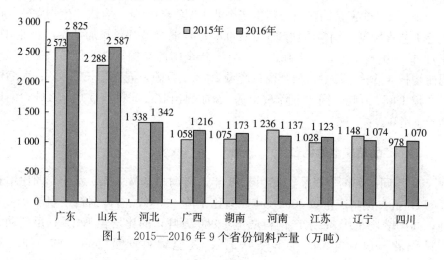

图 1　2015—2016 年 9 个省份饲料产量（万吨）

四、饲料工业产值和营业收入稳定增长

2016 年，全国饲料工业总产值和总营业收入分别为 8 014 亿元、7 778 亿元，同比分别增长 2.6%、4.9%。其中，商品饲料工业总产值为 7 294 亿元，同比增长 2.4%；营业收入为 7 090 亿元，同比增长 4.5%。饲料机械设备总产值和营业收入均为 66 亿元，同比分别下降 3.8% 和 4.5%。

饲料添加剂总产值 654 亿元，同比增长 6.2%。其中，饲料添加剂产值585 亿元，同比增长 4.6%；混合型饲料添加剂产值 69 亿元，同比下降3.2%。饲料添加剂总营业收入 623 亿元，同比增长 10.6%。其中，饲料添加剂营业收入 557 亿元，同比增长 8.5%；混合型饲料添加剂营业收入 66 亿元，同比增长4.2%。

五、饲料添加剂产量增幅较大

2016年，饲料添加剂产品总产量975.9万吨，同比增长19.5%。其中，饲料添加剂922.3万吨，同比增长20.7%；混合型饲料添加剂53.6万吨，同比增长2.4%。

1. 氨基酸。2016年总产量201.8万吨，同比增长30.6%。饲料添加剂中氨基酸产量200.4万吨，同比增长31.7%；混合型饲料添加剂中氨基酸产量1.4万吨，同比下降40.5%。单体氨基酸中，赖氨酸产量111.7万吨（含65%赖氨酸），同比增长16.7%；蛋氨酸产量21.6万吨，同比增长82.4%；苏氨酸产量52.6万吨，同比增长38.7%；色氨酸产量1.6万吨，同比增长56.7%。

2. 维生素。2016年总产量113.1万吨，同比增长3.6%。饲料添加剂中维生素产量95.9万吨，同比增长4.5%；混合型饲料添加剂中维生素产量17.3万吨，同比下降0.7%。单体维生素中，氯化胆碱产量62.2万吨，同比下降2.3%；维生素A产量0.9万吨，同比下降3.9%；维生素E产量9.0万吨，同比增长38.4%；维生素B_{12}产量6吨，同比增长37.9%；维生素B_2产量6 794吨，同比增长1.5%；维生素C产量5.4万吨，同比下降19.8%。

3. 矿物元素及其络合物。2016年总产量500.5万吨，同比增长19.1%。饲料添加剂中矿物元素及其络合物产量496.7万吨，同比增长19.7%；混合型饲料添加剂中矿物元素及其络合物产量3.8万吨，同比下降28.8%。单体矿物元素及其络合物中，硫酸铜产量1.8万吨，同比下降36.5%；硫酸亚铁产量17.8万吨，同比增长22.4%；硫酸锌产量14.6万吨，同比下降5.1%；硫酸锰产量11.2万吨，同比增长7.4%；磷酸氢钙（含磷酸二氢钙）产量354.4万吨，同比增长8.6%。

4. 酶制剂。2016年总产量11.6万吨，同比增长18.2%。饲料添加剂中酶制剂产量5.2万吨，同比增长3.6%；混合型饲料添加剂中酶制剂产量6.4万吨，同比增长33.4%。

5. 抗氧化剂。2016年总产量5.0万吨，同比下降1.0%。饲料添加剂中抗氧化剂产量2.7万吨，同比下降1.1%；混合型饲料添加剂抗氧化剂产量2.3万吨，同比下降0.9%。

6. 防腐剂、防霉剂。2016年总产量15.7万吨，同比下降38.3%。饲料添加剂中防腐剂、防霉剂产量10.0万吨，同比下降53.8%；混合型饲料添加剂中防腐剂、防霉剂产量5.7万吨，同比增长50.3%。

7. 微生物。2016 年总产量 11.4 万吨，同比增长 4.9%。饲料添加剂中微生物产量 6.5 万吨，同比增长 16.2%；混合型饲料添加剂中微生物产量 4.9 万吨，同比下降 6.9%。

8. 其他类添加剂。2016 年总产量 116.8 万吨，同比增长 43.5%。饲料添加剂中其他类添加剂产量 105.0 万吨，同比增长 49.3%；混合型饲料添加剂中其他类添加剂产量 11.8 万吨，同比增长 6.9%。

六、大宗饲料原料消费总量增长

2016 年，部分大宗饲料原料消费总量 19 149 万吨，同比增长 7.0%。其中，玉米消费量 10 497 万吨，同比增长 21.5%；小麦消费量 1 101 万吨，同比下降 22.0%；鱼粉消费量 185 万吨，同比下降 39.3%；豆粕消费量 3 780 万吨，同比下降 1.5%；棉籽粕消费量 355 万吨，同比下降 18.3%；菜籽粕消费量 448 万吨，同比下降 5.0%；其他饼粕消费量 492 万吨，同比增长 13.2%；磷酸氢钙消费量 244 万吨，同比下降 16.3%；其他消费量 2 047 万吨，同比下降 1.0%。

七、成套机组大型饲料机械设备生产总量增长

2016 年，饲料加工机械设备生产总量 27 088 台（套），同比减少 52 台（套），下降 0.2%。其中，成套机组 1 359 台（套），同比增加 10 台（套），增长 0.7%；单机 25 729 台，同比减少 62 台，下降 0.2%。

在成套机组中，时产≥10 吨的设备 1 029 台（套），同比增加 61 台（套），增长 6.3%；时产＜10 吨设备 330 台（套），同比减少 51 台（套），下降 13.4%。

在单机设备中，粉碎机 8 319 台，同比增加 122 台，增长 1.5%；混合机 6 521 台，同比减少 141 台，下降 2.1%；制粒机 6 178 台，同比减少 1 498 台，下降 19.5%；单机其他 4 711 台，增加 1 455 台，增长 44.7%。

八、饲料产品和饲料机械出口有增有降

饲料产品出口量 9 万吨，同比增长 3.0%；饲料添加剂出口量 134 万吨，同比下降 8.1%；单一饲料出口量 33 万吨，同比下降 40.4%；饲料机械出口量 1 万台（套），同比增长 0.1%。饲料产品、饲料添加剂出口量占总产量比重分别为 0.04%、13.7%，饲料机械占总产量比重为 36.9%。

饲料产品出口额 6 万元，同比增长 36.5%；饲料添加剂出口额 123 万元，同比下降 3.0%；单一饲料出口额 9 万元，同比下降 36.2%；饲料机械出口额

15 万元，同比增长 6.8%。

九、从业人数下降高端人才增长

2016 年，饲料企业年末职工人数为 47.6 万人，同比下降 8.3%。大专以上学历的职工人数为 18.8 万人，占职工总人数的 39.5%。其中，博士 1 892 人，同比增长 0.8%；硕士 9 150 人，同比增长 4.1%；大学本科 69 302 人，同比下降 6.8%；大学专科 107 343 人，同比下降 10.9%；其他学历 288 436 人，同比下降 8.0%。技术工种 36 394 人，同比下降 4.2%，其中，化验员 22 003 人，同比下降 4.0%；维修工 14 391 人，同比下降 4.6%。

全国饲料工业总产值和营业收入情况（一）

单位：万元

地　　区	饲料工业 总产值	饲料工业总 营业收入	饲料产品	
			总产值	营业收入
全国总计	**80 135 260**	**77 783 482**	**72 937 185**	**70 902 569**
北　　京	1 379 843	1 447 835	1 336 373	1 403 621
天　　津	1 190 162	1 169 840	1 154 781	1 136 013
河　　北	3 530 686	3 338 272	3 363 052	3 174 631
山　　西	874 052	771 655	868 890	768 395
内 蒙 古	1 178 187	1 180 379	754 080	762 723
辽　　宁	3 662 915	3 636 479	3 503 770	3 482 383
吉　　林	1 208 117	1 208 117	948 040	948 040
黑 龙 江	2 117 470	1 935 413	2 030 010	1 850 200
上　　海	815 441	814 734	626 159	625 719
江　　苏	4 936 475	4 684 381	3 951 836	3 694 788
浙　　江	2 784 250	2 661 108	1 659 236	1 548 143
安　　徽	1 734 428	1 719 558	1 714 435	1 701 815
福　　建	3 145 395	3 082 157	3 089 931	3 038 020
江　　西	3 259 152	3 215 414	3 138 978	3 103 641
山　　东	13 400 050	12 833 108	12 194 358	11 771 074
河　　南	3 072 151	2 802 697	2 932 244	2 698 501
湖　　北	3 425 440	3 324 547	3 123 447	3 045 693
湖　　南	4 478 083	4 425 678	4 349 522	4 320 173
广　　东	9 355 992	9 254 697	9 086 510	8 989 895
海　　南	727 772	698 661	727 574	698 471
广　　西	3 718 173	3 607 469	3 645 487	3 535 624
重　　庆	805 274	807 714	798 880	801 681
四　　川	4 038 898	4 003 027	3 699 898	3 679 624
贵　　州	598 652	554 033	488 281	453 812
云　　南	2 019 380	1 937 435	1 663 900	1 599 708
陕　　西	1 093 164	1 053 137	1 088 740	1 050 044
甘　　肃	370 855	370 855	370 470	370 470
青　　海	30 466	30 419	30 356	30 356
宁　　夏	369 060	398 829	87 668	105 228
新　　疆	815 276	815 834	510 277	514 084

全国饲料工业总产值和营业收入情况（二）

单位：万元

地 区	饲料添加剂		饲料机械	
	总产值	营业收入	总产值	营业收入
全国总计	6 540 808	6 225 056	657 267	655 857
北 京	43 471	44 214	–	–
天 津	35 380	33 827	–	–
河 北	162 633	158 642	5 000	5 000
山 西	5 162	3 260	–	–
内 蒙 古	424 107	417 656	–	–
辽 宁	157 637	152 588	1 508	1 508
吉 林	260 077	260 077	–	–
黑 龙 江	86 810	84 603	650	610
上 海	167 589	167 333	21 693	21 681
江 苏	404 458	394 905	580 181	594 688
浙 江	1 103 712	1 098 198	21 302	14 767
安 徽	19 993	17 743	–	–
福 建	55 464	44 137	–	–
江 西	120 175	111 773	–	–
山 东	1 187 192	1 052 034	18 500	10 000
河 南	139 907	104 196	–	–
湖 北	301 993	278 854	–	–
湖 南	124 715	101 860	3 846	3 645
广 东	269 481	264 803	–	–
海 南	198	190	–	–
广 西	72 687	71 845	–	–
重 庆	6 394	6 032	–	–
四 川	334 613	319 644	4 387	3 758
贵 州	110 371	100 221	–	–
云 南	355 480	337 727	–	–
陕 西	4 224	2 894	200	200
甘 肃	385	385	–	–
青 海	110	63	–	–
宁 夏	281 393	293 602	–	–
新 疆	304 999	301 751	–	–

全国饲料加工企业生产综合情况（总表）

单位：吨

地　区	总产量	配合饲料	浓缩饲料	添加剂预混合饲料
全国总计	209 175 246	183 945 098	18 323 760	6 906 388
北　京	2 622 170	1 615 516	349 118	657 536
天　津	2 110 547	1 401 874	428 485	280 189
河　北	13 420 400	11 440 947	1 842 136	137 317
山　西	2 856 576	2 562 630	263 237	30 709
内 蒙 古	2 786 040	2 133 172	607 204	45 664
辽　宁	10 738 785	7 873 161	2 672 901	192 723
吉　林	3 213 696	2 299 827	862 860	51 009
黑 龙 江	5 828 542	2 606 120	2 921 100	301 322
上　海	1 622 199	1 229 155	150 614	242 430
江　苏	11 232 281	10 467 935	413 124	351 222
浙　江	4 194 764	4 006 478	61 445	126 842
安　徽	5 981 798	5 641 726	191 192	148 880
福　建	8 824 768	8 426 218	150 358	248 191
江　西	9 020 051	8 139 798	255 757	624 496
山　东	25 872 244	23 922 525	1 179 800	769 919
河　南	11 371 084	9 482 540	1 254 809	633 735
湖　北	8 761 191	8 290 638	296 010	174 544
湖　南	11 732 863	10 808 831	402 395	521 637
广　东	28 248 133	27 094 318	471 739	682 076
海　南	2 425 247	2 422 901	-	2 346
广　西	12 164 073	11 829 787	168 139	166 147
重　庆	2 309 633	2 062 941	241 731	4 961
四　川	10 701 054	9 790 047	625 973	285 035
贵　州	1 233 965	881 848	352 118	-
云　南	3 662 473	2 644 112	960 929	57 432
陕　西	3 012 167	2 127 505	778 407	106 255
甘　肃	926 747	684 433	231 640	10 674
青　海	111 554	109 579	503	1 473
宁　夏	282 338	222 449	47 012	12 877
新　疆	1 907 860	1 726 087	143 024	38 749

全国饲料加工企业生产综合情况（分品种）

单位：吨

地 区	总产量	猪饲料	蛋禽饲料	肉禽饲料	水产饲料	反刍饲料	其他饲料
全国总计	209 175 246	87 257 031	30 045 742	60 112 641	19 299 538	8 799 015	3 661 278
北 京	2 622 170	1 027 281	483 790	349 066	88 159	558 168	115 706
天 津	2 110 547	825 272	202 241	179 869	461 688	387 925	53 551
河 北	13 420 400	4 038 607	4 985 990	2 046 373	587 380	1 277 227	484 824
山 西	2 856 576	602 855	965 701	1 135 158	798	101 081	50 983
内 蒙 古	2 786 040	249 983	271 268	259 187	10 940	1 911 493	83 169
辽 宁	10 738 785	3 164 415	2 463 756	3 602 124	424 356	929 576	154 558
吉 林	3 213 696	1 081 704	1 038 743	577 279	8 812	298 753	208 404
黑 龙 江	5 828 542	2 165 550	1 398 940	1 009 780	151 692	806 670	295 910
上 海	1 622 199	625 255	459 637	333 457	82 414	84 626	36 810
江 苏	11 232 281	3 395 389	1 552 099	3 224 106	2 736 121	119 661	204 904
浙 江	4 194 764	1 733 423	439 027	894 555	968 634	60 074	99 050
安 徽	5 981 798	1 686 248	902 333	2 924 834	319 142	24 632	124 609
福 建	8 824 768	4 093 807	1 029 230	2 331 469	1 337 319	161	32 783
江 西	9 020 051	6 474 751	791 842	1 038 813	639 659	–	74 986
山 东	25 872 244	6 588 749	2 376 457	15 394 221	380 522	613 818	518 477
河 南	11 371 084	5 862 223	1 397 812	2 873 463	506 985	263 500	467 101
湖 北	8 761 191	3 061 123	1 890 751	1 476 428	2 332 311	577	–
湖 南	11 732 863	8 407 262	1 075 313	955 983	1 252 946	4 202	37 157
广 东	28 248 133	12 112 837	2 048 421	9 172 795	4 581 552	34 024	298 503
海 南	2 425 247	956 929	180 249	947 751	340 318	–	–
广 西	12 164 073	6 301 167	605 765	4 687 679	569 321	–	141
重 庆	2 309 633	1 356 789	290 150	486 445	118 734	11 822	45 694
四 川	10 701 054	6 562 065	1 090 689	2 097 433	653 345	124 285	173 238
贵 州	1 233 965	775 319	155 780	208 464	43 889	34 136	16 378
云 南	3 662 473	1 763 668	422 853	957 945	440 025	65 265	12 717
陕 西	3 012 167	1 507 148	841 448	351 722	81 115	226 159	4 576
甘 肃	926 747	394 376	135 834	118 097	13 125	213 749	51 566
青 海	111 554	20 632	–	–	–	89 251	1 672
宁 夏	282 338	46 866	33 737	48 834	41 538	105 356	6 007
新 疆	1 907 860	375 336	515 887	429 311	126 698	452 824	7 804

全国配合饲料加工企业生产情况（一）

单位：吨、%

地　区	猪饲料	比重	蛋禽饲料	比重	肉禽饲料	比重
全国总计	**71 753 474**	**39.0**	**25 355 800**	**13.8**	**57 987 833**	**31.5**
北　京	440 990	27.3	205 854	12.7	337 114	20.9
天　津	360 306	25.7	83 935	6.0	171 232	12.2
河　北	3 042 735	26.6	4 413 752	38.6	2 013 812	17.6
山　西	499 514	19.5	831 906	32.5	1 127 972	44.0
内 蒙 古	134 270	6.3	212 080	9.9	229 033	10.7
辽　宁	2 055 565	26.1	1 659 650	21.1	2 932 549	37.2
吉　林	594 274	25.8	835 221	36.3	455 097	19.8
黑 龙 江	826 010	31.7	594 030	22.8	357 000	13.7
上　海	356 692	29.0	408 801	33.3	321 163	26.1
江　苏	2 831 492	27.0	1 412 060	13.5	3 199 467	30.6
浙　江	1 579 600	39.4	427 547	10.7	883 288	22.0
安　徽	1 403 107	24.9	879 582	15.6	2 907 445	51.5
福　建	3 724 329	44.2	1 022 645	12.1	2 320 984	27.5
江　西	5 657 022	69.5	788 701	9.7	1 036 842	12.7
山　东	5 297 230	22.1	1 959 964	8.2	15 324 740	64.1
河　南	4 402 290	46.4	1 097 665	11.6	2 783 649	29.4
湖　北	2 684 304	32.4	1 834 585	22.1	1 451 227	17.5
湖　南	7 541 475	69.8	1 038 942	9.6	943 750	8.7
广　东	11 222 083	41.4	2 011 529	7.4	9 118 121	33.7
海　南	954 583	39.4	180 249	7.4	947 751	39.1
广　西	6 051 160	51.2	593 132	5.0	4 620 083	39.1
重　庆	1 149 676	55.7	253 978	12.3	484 287	23.5
四　川	5 799 438	59.2	1 042 779	10.7	2 075 424	21.2
贵　州	440 957	50.0	153 415	17.4	201 904	22.9
云　南	840 534	31.8	386 175	14.6	918 182	34.7
陕　西	1 217 258	57.2	425 751	20.0	276 953	13.0
甘　肃	307 914	45.0	105 488	15.4	102 053	14.9
青　海	20 550	18.8	—		—	
宁　夏	28 572	12.8	22 684	10.2	35 042	15.8
新　疆	289 544	16.8	473 698	27.4	411 670	23.8

全国配合饲料加工企业生产情况（二）

单位：吨、%

地　　区	水产饲料	比重	精料补充料	比重	其他饲料	比重
全国总计	19 040 047	10.4	6 575 429	3.6	3 232 514	1.8
北　　京	78 795	4.9	458 065	28.4	94 698	5.9
天　　津	459 517	32.8	288 179	20.6	38 705	2.8
河　　北	585 143	5.1	948 214	8.3	437 292	3.8
山　　西	798	0.03	55 617	2.2	46 823	1.8
内 蒙 古	9 820	0.5	1 466 727	68.8	81 242	3.8
辽　　宁	420 105	5.3	678 693	8.6	126 600	1.6
吉　　林	7 760	0.3	206 937	9.0	200 539	8.7
黑 龙 江	151 040	5.8	452 010	17.3	226 030	8.7
上　　海	78 786	6.4	57 750	4.7	5 962	0.5
江　　苏	2 727 192	26.1	94 624	0.9	203 099	1.9
浙　　江	959 889	24.0	59 875	1.5	96 279	2.4
安　　徽	317 181	5.6	21 112	0.4	113 300	2.0
福　　建	1 326 314	15.7	158	0.002	31 788	0.4
江　　西	637 141	7.8	–	–	20 092	0.2
山　　东	373 975	1.6	482 303	2.0	484 313	2.0
河　　南	505 462	5.3	237 383	2.5	456 090	4.8
湖　　北	2 319 945	28.0	577	0.01	–	–
湖　　南	1 250 801	11.6	2 274	0.02	31 589	0.3
广　　东	4 455 353	16.4	33 917	0.1	253 314	0.9
海　　南	340 318	14.0	–	–	–	–
广　　西	565 271	4.8	–	–	141	0.001
重　　庆	118 720	5.8	10 586	0.5	45 694	2.2
四　　川	608 541	6.2	95 974	1.0	167 890	1.7
贵　　州	43 889	5.0	29 323	3.3	12 360	1.4
云　　南	439 029	16.6	52 586	2.0	7 606	0.3
陕　　西	79 176	3.7	126 444	5.9	1 923	0.1
甘　　肃	13 125	1.9	114 103	16.7	41 750	6.1
青　　海	–	–	87 357	79.7	1 672	1.5
宁　　夏	41 457	18.6	94 118	42.3	577	0.3
新　　疆	125 504	7.3	420 524	24.4	5 147	0.3

全国浓缩饲料加工企业生产情况（一）

单位：吨、%

地　　区	猪饲料	比重	蛋禽饲料	比重	肉禽饲料	比重
全国总计	11 384 395	62.1	3 168 825	17.3	1 698 131	9.3
北　京	297 414	85.2	22 019	6.3	4	0.001
天　津	351 999	82.1	18 226	4.3	－	－
河　北	950 978	51.6	530 899	28.8	23 696	1.3
山　西	94 605	35.9	119 892	45.5	1 381	0.5
内　蒙　古	109 181	18.0	58 592	9.6	28 512	4.7
辽　宁	1 031 586	38.6	739 235	27.7	642 594	24.0
吉　林	473 134	54.8	189 694	22.0	110 042	12.8
黑　龙　江	1 205 030	41.3	737 010	25.2	603 030	20.6
上　海	140 323	93.2	77	0.1	252	0.2
江　苏	402 591	97.5	2 535	0.6	910	0.2
浙　江	61 299	99.8	－	－	－	－
安　徽	188 038	98.4	831	0.4	1 311	0.7
福　建	150 358	100.0	－	－	－	－
江　西	205 931	80.5	20	0.01	95	0.04
山　东	1 052 124	89.2	47 739	4.0	6 831	0.6
河　南	962 795	76.7	192 112	15.3	75 406	6.0
湖　北	270 500	91.4	3 508	1.2	19 563	6.6
湖　南	399 727	99.3	200	0.05	690	0.2
广　东	432 525	91.7	3 086	0.7	7 444	1.6
海　南	－	－	－	－	－	－
广　西	150 333	89.4	3 940	2.3	13 866	8.2
重　庆	202 783	83.9	35 865	14.8	1 983	0.8
四　川	597 714	95.5	8 387	1.3	1 916	0.3
贵　州	334 362	95.0	2 365	0.7	6 560	1.9
云　南	899 407	93.6	12 579	1.3	36 978	3.8
陕　西	252 769	32.5	364 059	46.8	70 979	9.1
甘　肃	83 282	36.0	29 748	12.8	15 706	6.8
青　海	－	－	－	－	－	－
宁　夏	11 331	24.1	9 585	20.4	12 900	27.4
新　疆	72 277	50.5	36 624	25.6	15 480	10.8

全国浓缩饲料加工企业生产情况（二）

单位：吨、%

地　区	水产饲料	比重	反刍动物饲料	比重	其他饲料	比重
全国总计	16 439	0.1	1 832 992	10.0	222 979	1.2
北　京	113	0.03	28 386	8.1	1 183	0.3
天　津	-	-	51 032	11.9	7 228	1.7
河　北	-	-	308 439	16.7	28 123	1.5
山　西	-	-	44 465	16.9	2 894	1.1
内 蒙 古	1 120	0.2	407 872	67.2	1 927	0.3
辽　宁	13	0.000 5	243 164	9.1	16 309	0.6
吉　林	1 052	0.1	88 178	10.2	759	0.1
黑 龙 江	-	-	317 010	10.9	59 020	2.0
上　海	-	-	4 863	3.2	5 099	3.4
江　苏	910	0.2	6 176	1.5	3	0.000 8
浙　江	-	-	-	-	146	0.2
安　徽	203	0.1	707	0.4	102	0.1
福　建	-	-	-	-	-	-
江　西	305	0.1	-	-	49 406	19.3
山　东	507	0.04	71 915	6.1	685	0.1
河　南	352	0.03	17 326	1.4	6 819	0.5
湖　北	2 439	0.8	-	-	-	-
湖　南	1 003	0.2	600	0.1	175	0.04
广　东	7 861	1.7	-	-	20 823	4.4
海　南	-	-	-	-	-	-
广　西	-	-	-	-	-	-
重　庆	-	-	1 101	0.5	-	-
四　川	-	-	14 497	2.3	3 458	0.6
贵　州	-	-	4 813	1.4	4 018	1.1
云　南	-	-	11 814	1.2	151	0.02
陕　西	423	0.1	89 513	11.5	665	0.1
甘　肃	-	-	94 031	40.6	8 873	3.8
青　海	-	-	503	100.0	-	-
宁　夏	82	0.2	8 006	17.0	5 108	10.9
新　疆	56	0.04	18 581	13.0	6	0.004

全国添加剂预混合饲料加工企业生产情况（一）

单位：吨、%

地　区	猪饲料	比重	蛋禽饲料	比重	肉禽饲料	比重
全国总计	4 119 162	59.6	1 521 117	22.0	426 677	6.2
北　京	288 878	43.9	255 917	38.9	11 948	1.8
天　津	112 968	40.3	100 080	35.7	8 637	3.1
河　北	44 895	32.7	41 339	30.1	8 865	6.5
山　西	8 736	28.4	13 902	45.3	5 805	18.9
内 蒙 古	6 533	14.3	596	1.3	1 642	3.6
辽　宁	77 263	40.1	64 871	33.7	26 981	14.0
吉　林	14 296	28.0	13 828	27.1	12 140	23.8
黑 龙 江	134 510	44.6	67 900	22.5	49 750	16.5
上　海	128 240	52.9	50 759	20.9	12 042	5.0
江　苏	161 306	45.9	137 505	39.2	23 729	6.8
浙　江	92 525	72.9	11 480	9.1	11 267	8.9
安　徽	95 103	63.9	21 920	14.7	16 078	10.8
福　建	219 120	88.3	6 585	2.7	10 484	4.2
江　西	611 798	98.0	3 121	0.5	1 876	0.3
山　东	239 395	31.1	368 754	47.9	62 651	8.1
河　南	497 138	78.4	108 035	17.0	14 408	2.3
湖　北	106 320	60.9	52 659	30.2	5 637	3.2
湖　南	466 060	89.3	36 171	6.9	11 542	2.2
广　东	458 229	67.2	33 806	5.0	47 231	6.9
海　南	2 346	100.0	—	—	—	—
广　西	99 674	60.0	8 693	5.2	53 730	32.3
重　庆	4 330	87.3	307	6.2	175	3.5
四　川	164 913	57.9	39 522	13.9	20 094	7.0
贵　州	—		—		—	
云　南	23 727	41.3	24 099	42.0	2 785	4.8
陕　西	37 120	34.9	51 638	48.6	3 790	3.6
甘　肃	3 180	29.8	598	5.6	338	3.2
青　海	82	5.6	—	—	—	—
宁　夏	6 964	54.1	1 468	11.4	891	6.9
新　疆	13 515	34.9	5 565	14.4	2 160	5.6

全国添加剂预混合饲料加工企业生产情况（二）

单位：吨、%

地　区	水产饲料	比重	反刍动物饲料	比重	其他饲料	比重
全国总计	243 052	3.5	390 595	5.7	205 785	3.0
北　京	9 251	1.4	71 718	10.9	19 825	3.0
天　津	2 171	0.8	48 715	17.4	7 618	2.7
河　北	2 237	1.6	20 574	15.0	19 408	14.1
山　西	–	–	999	3.3	1 266	4.1
内 蒙 古	–	–	36 894	80.8	–	–
辽　宁	4 238	2.2	7 720	4.0	11 650	6.0
吉　林	–	–	3 638	7.1	7 106	13.9
黑 龙 江	652	0.2	37 650	12.5	10 860	3.6
上　海	3 628	1.5	22 013	9.1	25 749	10.6
江　苏	8 019	2.3	18 861	5.4	1 801	0.5
浙　江	8 745	6.9	199	0.2	2 625	2.1
安　徽	1 758	1.2	2 813	1.9	11 208	7.5
福　建	11 005	4.4	3	0.001	995	0.4
江　西	2 213	0.4	–	–	5 488	0.9
山　东	6 040	0.8	59 600	7.7	33 480	4.3
河　南	1 171	0.2	8 790	1.4	4 193	0.7
湖　北	9 928	5.7	–	–	–	–
湖　南	1 142	0.2	1 329	0.3	5 393	1.0
广　东	118 338	17.3	107	0.02	24 366	3.6
海　南	–	–	–	–	–	–
广　西	4 049	2.4	–	–	–	–
重　庆	14	0.3	135	2.7	–	–
四　川	44 803	15.7	13 813	4.8	1 889	0.7
贵　州	–	–	–	–	–	–
云　南	996	1.7	865	1.5	4 960	8.6
陕　西	1 516	1.4	10 202	9.6	1 988	1.9
甘　肃	–	–	5 615	52.6	943	8.8
青　海	–	–	1 391	94.4	–	–
宁　夏	–	–	3 232	25.1	322	2.5
新　疆	1 137	2.9	13 720	35.4	2 651	6.8

全国饲料添加剂产量情况（一）

单位：吨

地 区	饲料添加剂产品总量	饲料添加剂	混合型饲料添加剂
全国总计	**9 759 337**	**9 223 381**	**535 956**
北　京	29 832	8 898	20 934
天　津	49 469	43 761	5 708
河　北	429 554	330 602	98 952
山　西	21 622	21 142	480
内　蒙　古	500 188	481 358	18 829
辽　宁	184 026	148 125	35 901
吉　林	338 616	338 616	–
黑　龙　江	145 379	141 426	3 953
上　海	58 521	30 511	28 010
江　苏	455 409	422 463	32 947
浙　江	246 544	220 075	26 469
安　徽	6 506	5 452	1 054
福　建	62 606	60 397	2 209
江　西	246 706	235 539	11 168
山　东	1 354 633	1 244 849	109 784
河　南	52 856	52 360	496
湖　北	473 675	456 066	17 609
湖　南	166 745	152 119	14 626
广　东	109 996	55 537	54 459
海　南	180	–	180
广　西	305 749	299 403	6 346
重　庆	41 654	27 769	13 885
四　川	1 359 426	1 330 692	28 734
贵　州	447 741	447 741	–
云　南	1 850 278	1 849 738	540
陕　西	7 677	4 994	2 682
甘　肃	110	110	–
青　海	10 429	10 429	–
宁　夏	447 994	447 994	–
新　疆	355 215	355 214	1

全国饲料添加剂产量情况（二）

单位：吨

地　　区	氨基酸		维生素		矿物元素及其络合物	
	饲料添加剂	混合型饲料添加剂	饲料添加剂	混合型饲料添加剂	饲料添加剂	混合型饲料添加剂
全国总计	2 004 022	13 845	958 532	172 579	4 967 047	38 208
北　　京	-	120	4 291	607	-	2 100
天　　津	-	37	82	46	657	2 096
河　　北	2 200	7	218 667	80 128	77 184	3 230
山　　西	-				138	
内 蒙 古	381 558	-	1 025	748	41 309	-
辽　　宁	86 224	-	5 952	34 393	45 951	94
吉　　林	316 850	-	5 000	-	10 170	
黑 龙 江	135 646	-	-	800	2 010	907
上　　海	-	-	20 914	4 515	3 231	68
江　　苏	105 024	-	43 171	486	197 188	737
浙　　江	2 954	12 876	168 415	5 073	22 412	304
安　　徽	-	-	3 920	30	-	2
福　　建	-	25	462	9	50	20
江　　西	-	36	4 054	6	25 985	-
山　　东	356 551	12	464 302	44 583	91 087	2 913
河　　南	11 640	4	1 968	72	270	6
湖　　北	9 327	368	3 688	542	416 549	58
湖　　南	-	-	-	-	129 512	9 579
广　　东	-	360	8 329	476	17 366	1 125
海　　南	-	-	-	-	-	-
广　　西	-	-	-	-	265 638	1 206
重　　庆	-	-	-	-	-	550
四　　川	-	-	3 129	2	1 311 361	11 709
贵　　州	-	-	-	-	447 741	-
云　　南	-	-	1 160	-	1 845 858	-
陕　　西	-	-	4	62	4 275	1 505
甘　　肃	-	-	-	-	4	
青　　海	-	-	-	-	10 429	
宁　　夏	242 990	-	-	-	-	-
新　　疆	353 058	-	-	-	673	-

全国饲料添加剂产量情况（三）

单位：吨

地　　区	酶制剂		抗氧化剂		防腐剂、防霉剂	
	饲料添加剂	混合型饲料添加剂	饲料添加剂	混合型饲料添加剂	饲料添加剂	混合型饲料添加剂
全国总计	**52 043**	**64 273**	**27 159**	**22 887**	**100 064**	**56 724**
北　京	–	12 573	–	239	–	–
天　津	1 454	925	–	19	1 470	15
河　北	6 975	6 500	200	95	–	150
山　西	101	101	–	–	32	–
内　蒙　古	–	8 779	–	–	57 371	–
辽　宁	940	731	–	–	–	109
吉　林	–	–	–	–	–	–
黑　龙　江	850	405	–	–	395	854
上　海	197	1 705	3 647	4 289	560	3 935
江　苏	7 881	520	22 775	13 319	9 400	15 332
浙　江	433	160	–	548	97	95
安　徽	–	–	8	–	60	–
福　建	1 248	–	20	406	–	85
江　西	5 300	18	–	390	–	5 090
山　东	13 700	12 987	–	167	24 174	9 830
河　南	1 084	81	–	3	–	2
湖　北	850	10 650	–	–	5 393	74
湖　南	3 214	3 263	225	–	449	–
广　东	4 958	3 949	284	2 687	663	11 139
海　南	–	–	–	–	–	–
广　西	29	1	–	276	–	4 843
重　庆	–	–	–	352	–	2 688
四　川	1 848	501	–	59	–	2 466
贵　州	–	–	–	–	–	–
云　南	770	402	–	–	–	–
陕　西	–	22	–	38	–	16
甘　肃	106	–	–	–	–	–
青　海	–	–	–	–	–	–
宁　夏	–	–	–	–	–	–
新　疆	105	–	–	–	–	–

全国饲料添加剂产量情况（四）

单位：吨

地　　区	微生物		其他	
	饲料添加剂	混合型饲料添加剂	饲料添加剂	混合型饲料添加剂
全国总计	**64 641**	**49 312**	**1 049 872**	**118 128**
北　京	3 318	1 348	1 289	3 947
天　津	17	1 212	40 080	1 357
河　北	7 959	6 055	17 416	2 787
山　西	28	4	20 843	375
内 蒙 古	1	1 103	95	8 200
辽　宁	228	285	8 830	288
吉　林	–	–	6 596	–
黑 龙 江	1 035	987	1 490	–
上　海	–	310	1 961	13 187
江　苏	847	1 266	36 178	1 287
浙　江	701	1 362	25 063	6 051
安　徽	10	2	1 455	1 021
福　建	3 653	198	54 965	1 466
江　西	45	197	200 155	5 432
山　东	18 314	25 557	276 721	13 736
河　南	4 019	157	33 379	171
湖　北	20 259	3 646	–	2 271
湖　南	150	290	18 568	1 495
广　东	3 078	2 904	20 860	31 818
海　南	–	146		34
广　西	132	2	33 605	18
重　庆	–	72	27 769	10 223
四　川	133	1 199	14 221	12 799
贵　州	–	–	–	–
云　南	91	138	1 859	–
陕　西	364	873	352	167
甘　肃	–	–	–	–
青　海	–	–	–	–
宁　夏	–	–	205 004	–
新　疆	260	1	1 118	–

全国饲料添加剂单项产品生产情况（一）

单位：吨

地　　区	赖氨酸	蛋氨酸	苏氨酸	色氨酸
全国总计	**1 117 472**	**215 560**	**525 694**	**15 762**
北　京	–	–	–	–
天　津	–	–	–	–
河　北	261	274	165	–
山　西	–	–	–	–
内 蒙 古	202 905	–	254 786	886
辽　宁	42 000	–	44 224	–
吉　林	293 175	–	23 675	–
黑 龙 江	94 950	–	40 696	–
上　海	–	–	–	–
江　苏	–	105 000	–	–
浙　江	165	30	22	390
安　徽	–	–	–	–
福　建	–	–	–	–
江　西	–	–	–	–
山　东	152 416	–	4 080	9
河　南	–	–	4 791	6 024
湖　北	4 012	3 503	–	1
湖　南	–	–	–	–
广　东	–	–	–	–
海　南	–	–	–	–
广　西	–	–	–	–
重　庆	–	–	–	–
四　川	–	–	–	–
贵　州	–	–	–	–
云　南	–	–	–	–
陕　西	–	–	–	–
甘　肃	–	–	–	–
青　海	–	–	–	–
宁　夏	44 252	106 753	86 523	5 463
新　疆	283 336	–	66 732	2 990

全国饲料添加剂单项产品生产情况（二）

单位：吨

地　　区	氯化胆碱	维生素 A	维生素 E	维生素 B_{12}	维生素 B_2	维生素 C
全国总计	**621 886**	**9 472**	**90 068**	**6**	**6 794**	**54 315**
北　　京	-	-	-	-	-	4 291
天　　津	-	-	2	-	-	-
河　　北	171 000	-	-	5	-	7 741
山　　西	-	-	-	-	-	-
内　蒙　古	-	-	-	-	1 025	-
辽　　宁	-	786	2 357	-	-	310
吉　　林	-	-	5 000	-	-	-
黑　龙　江	-	-	-	-	-	-
上　　海	9 174	1 874	9 393	-	-	6
江　　苏	25 753	-	427	-	-	2 598
浙　　江	785	6 811	72 427	1	1	914
安　　徽	-	-	-	-	-	-
福　　建	-	-	462	-	-	-
江　　西	-	-	-	-	-	-
山　　东	415 174	-	-	-	677	38 450
河　　南	-	-	-	-	1 968	-
湖　　北	-	-	-	-	3 122	-
湖　　南	-	-	-	-	-	-
广　　东	-	-	-	-	-	4
海　　南	-	-	-	-	-	-
广　　西	-	-	-	-	-	-
重　　庆	-	-	-	-	-	-
四　　川	-	-	-	-	-	-
贵　　州	-	-	-	-	-	-
云　　南	-	-	-	-	-	-
陕　　西	-	-	-	-	-	-
甘　　肃	-	-	-	-	-	-
青　　海	-	-	-	-	-	-
宁　　夏	-	-	-	-	-	-
新　　疆	-	-	-	-	-	-

全国饲料添加剂单项产品生产情况（三）

单位：吨

地　　区	硫酸铜	硫酸亚铁	硫酸锌	硫酸锰	磷酸氢钙
全国总计	18 061	178 184	146 361	112 271	3 543 805
北　　京	–	–	–	–	–
天　　津	–	–	–	–	–
河　　北	–	–	19 987	–	53 029
山　　西	–	–	–	–	–
内　蒙　古	–	–	–	–	41 309
辽　　宁	2 214	654	762	707	–
吉　　林	1 250	–	–	–	8 920
黑　龙　江	–	–	–	–	–
上　　海	628	725	342	317	941
江　　苏	–	–	–	–	40 020
浙　　江	160	–	5	5	630
安　　徽	–	–	–	–	–
福　　建	–	–	20	30	–
江　　西	220	110	24 330	20	–
山　　东	327	113	165	262	74 011
河　　南	–	–	220	–	–
湖　　北	–	44 012	–	–	324 070
湖　　南	8 749	9 965	79 815	26 017	1 158
广　　东	2 388	120	329	122	–
海　　南	–	–	–	–	–
广　　西	1 185	60 502	18 284	70 033	115 634
重　　庆	–	–	–	–	–
四　　川	26	60 961	1 445	14 275	1 037 734
贵　　州	–	–	–	–	71 486
云　　南	915	1 022	658	484	1 765 534
陕　　西	–	–	–	–	–
甘　　肃	–	–	–	–	–
青　　海	–	–	–	–	9 329
宁　　夏	–	–	–	–	–
新　　疆	–	–	–	–	–

全国饲料机械工业设备企业生产情况

单位：台、套

地 区	成套机组			单机				
	小计	时产≥10 吨	时产<10 吨	小计	粉碎机	混合机	制粒机	其他
全国总计	1 359	1 029	330	25 729	8 319	6 521	6 178	4 711
北 京	–	–	–	–	–	–	–	–
天 津	–	–	–	–	–	–	–	–
河 北	30	30	–	160	100	20	–	40
山 西	–	–	–	–	–	–	–	–
内 蒙 古	–	–	–	–	–	–	–	–
辽 宁	14	6	8	6	–	6	–	–
吉 林	–	–	–	–	–	–	–	–
黑 龙 江	7	7	–	41	24	8	9	–
上 海	38	27	11	170	33	23	114	–
江 苏	1 133	912	221	22 501	7 104	5 504	5 905	3 988
浙 江	31	16	15	83	29	25	21	8
安 徽	–	–	–	–	–	–	–	–
福 建	–	–	–	–	–	–	–	–
江 西	–	–	–	–	–	–	–	–
山 东	–	–	–	–	–	–	–	–
河 南	–	–	–	–	–	–	–	–
湖 北	–	–	–	–	–	–	–	–
湖 南	–	–	–	1 482	725	679	13	65
广 东	–	–	–	–	–	–	–	–
海 南	–	–	–	–	–	–	–	–
广 西	–	–	–	–	–	–	–	–
重 庆	–	–	–	–	–	–	–	–
四 川	103	28	75	1 283	303	255	115	610
贵 州	–	–	–	–	–	–	–	–
云 南	–	–	–	–	–	–	–	–
陕 西	2	2	–	–	–	–	–	–
甘 肃	–	–	–	–	–	–	–	–
青 海	1	1	–	3	1	1	1	–
宁 夏	–	–	–	–	–	–	–	–
新 疆	–	–	–	–	–	–	–	–

全国饲料大宗原料消费情况（一）

单位：吨

地　　区	总消耗量	玉米	小麦	鱼粉	豆粕
全国总计	**191 480 749**	**104 965 172**	**11 011 425**	**1 854 233**	**37 796 524**
北　　京	1 474 527	621 818	18 255	24 169	364 413
天　　津	1 865 480	949 746	19 366	14 774	470 398
河　　北	8 541 174	4 528 196	217 335	93 000	1 976 985
山　　西	2 806 565	1 567 762	19 115	10 713	906 089
内　蒙　古	4 648 552	2 988 983	7 738	7 716	617 793
辽　　宁	7 886 844	4 388 717	47 893	83 457	2 244 080
吉　　林	3 212 448	2 072 042	454	2 600	809 374
黑　龙　江	4 338 770	1 758 000	9 520	29 050	2 472 000
上　　海	1 335 984	694 080	91 522	10 108	272 624
江　　苏	10 607 141	5 090 507	1 095 307	107 505	1 801 253
浙　　江	3 097 470	1 378 685	142 723	163 000	688 456
安　　徽	5 080 763	2 736 407	388 781	38 840	645 592
福　　建	6 409 521	3 217 177	250 683	131 153	1 350 855
江　　西	8 208 901	4 498 193	591 676	60 200	1 494 943
山　　东	31 096 732	19 959 547	1 164 753	134 691	5 054 753
河　　南	10 458 218	3 435 441	3 275 541	79 598	2 251 763
湖　　北	8 015 115	3 967 813	976 171	43 088	1 329 385
湖　　南	9 735 680	5 454 938	676 135	124 290	2 153 656
广　　东	27 715 219	16 107 117	833 448	294 965	4 130 151
海　　南	1 655 062	898 866	263 823	43 234	237 723
广　　西	10 988 531	7 055 162	336 887	68 481	1 390 494
重　　庆	2 159 165	1 063 696	78 260	22 572	479 232
四　　川	9 891 417	5 204 615	329 295	157 498	2 028 302
贵　　州	1 144 276	553 086	19 156	9 064	402 236
云　　南	3 664 594	2 062 665	79 323	36 624	1 102 913
陕　　西	2 271 964	1 185 703	46 219	26 180	645 249
甘　　肃	899 800	406 000	8 000	4 300	189 000
青　　海	54 805	29 296	1 426	–	6 344
宁　　夏	654 065	255 386	14 853	26 251	78 598
新　　疆	1 561 963	835 528	7 768	7 110	201 873

全国饲料大宗原料消费情况（二）

单位：吨

地　区	棉籽粕	菜籽粕	其他饼粕	磷酸氢钙	其他
全国总计	3 545 583	4 476 683	4 923 599	2 438 280	20 469 249
北　京	31 086	20 603	95 149	72 881	226 154
天　津	49 401	48 010	69 271	42 084	202 430
河　北	411 170	225 853	334 714	133 451	620 469
山　西	53 742	30 199	53 100	28 126	137 720
内　蒙　古	198 876	45 861	223 284	46 838	511 463
辽　宁	193 090	154 551	164 895	118 273	491 888
吉　林	107 891	107 874	96 853	9 522	5 839
黑　龙　江	26 700	–	–	43 500	
上　海	51 874	72 745	47 080	20 932	75 018
江　苏	390 151	423 535	279 322	156 022	1 263 541
浙　江	29 900	75 337	108 591	39 341	471 438
安　徽	50 353	49 000	560 157	88 464	523 169
福　建	17 146	159 781	86 807	82 150	1 113 771
江　西	87 359	120 601	123 698	78 872	1 153 360
山　东	326 575	95 120	945 682	357 604	3 058 007
河　南	202 394	68 026	85 755	268 834	790 866
湖　北	218 059	980 767	407 895	76 302	15 634
湖　南	272 900	196 119	107 123	98 574	651 946
广　东	32 199	794 578	479 829	217 179	4 825 753
海　南	33 157	83 245	70 157	12 699	12 158
广　西	22 599	189 221	112 542	82 663	1 730 482
重　庆	39 852	39 948	42 600	23 334	369 671
四　川	173 568	235 664	203 808	124 382	1 434 285
贵　州	10 665	15 916	3 528	18 527	112 098
云　南	110 130	148 818	25 235	73 249	25 637
陕　西	85 132	34 034	38 506	41 535	169 406
甘　肃	12 000	8 500	12 000	50 000	210 000
青　海	5 840	9 292	2 000	325	283
宁　夏	122 949	19 375	85 183	15 792	35 677
新　疆	178 826	24 109	58 836	16 825	231 088

全国饲料企业年末职工人数情况（一）

单位：人

地　　区	职工总数	其中职工学历构成				
		博士	硕士	大学本科	大学专科	其他
全国总计	**476 123**	**1 892**	**9 150**	**69 302**	**107 343**	**288 436**
北　　京	8 631	130	416	1 624	2 244	4 217
天　　津	6 283	28	199	1 370	1 569	3 117
河　　北	28 508	69	269	3 174	6 380	18 616
山　　西	4 376	15	53	595	1 001	2 712
内　蒙　古	14 088	29	188	2 250	4 487	7 134
辽　　宁	17 851	67	359	2 930	4 134	10 361
吉　　林	8 361	61	108	1 091	1 921	5 180
黑　龙　江	8 009	19	38	189	272	7 491
上　　海	11 399	33	185	1 575	2 279	7 327
江　　苏	38 337	138	954	7 306	8 781	21 158
浙　　江	23 824	100	655	4 516	4 629	13 924
安　　徽	9 685	33	146	1 291	2 162	6 053
福　　建	13 766	40	182	1 667	2 354	9 523
江　　西	11 261	32	161	1 393	2 590	7 085
山　　东	70 642	267	1 827	9 635	17 393	41 520
河　　南	23 218	137	457	3 042	6 567	13 015
湖　　北	30 776	70	668	4 937	6 695	18 406
湖　　南	18 251	85	280	3 167	5 551	9 168
广　　东	37 160	258	931	5 477	6 762	23 732
海　　南	1 453	–	4	120	349	980
广　　西	10 982	23	107	1 356	1 991	7 505
重　　庆	6 872	21	103	998	2 444	3 306
四　　川	34 221	143	457	3 460	5 546	24 615
贵　　州	2 890	9	21	339	765	1 756
云　　南	11 604	26	89	1 924	2 625	6 940
陕　　西	6 840	25	126	920	1 926	3 843
甘　　肃	4 448	8	30	950	630	2 830
青　　海	266	–	4	42	69	151
宁　　夏	2 834	17	41	387	659	1 730
新　　疆	9 287	9	92	1 577	2 568	5 041

全国饲料企业年末职工人数情况（二）

单位：人

地　　区	其中技术工种人员构成		
	小计	检化验员	维修工
全国总计	**36 394**	**22 003**	**14 391**
北　　京	520	323	197
天　　津	406	258	148
河　　北	2 661	1 647	1 014
山　　西	412	233	179
内　蒙　古	1 276	706	570
辽　　宁	2 185	1 483	702
吉　　林	959	580	379
黑　龙　江	1 037	696	341
上　　海	1 097	618	479
江　　苏	2 387	1 472	915
浙　　江	2 200	1 434	766
安　　徽	756	349	407
福　　建	1 028	545	483
江　　西	746	423	323
山　　东	4 172	2 589	1 583
河　　南	1 764	1 054	710
湖　　北	1 533	891	642
湖　　南	1 982	1 453	529
广　　东	2 853	1 517	1 336
海　　南	112	75	37
广　　西	865	620	245
重　　庆	348	204	144
四　　川	2 453	1 315	1 138
贵　　州	221	136	85
云　　南	951	508	443
陕　　西	461	283	178
甘　　肃	247	154	93
青　　海	54	28	26
宁　　夏	322	185	137
新　　疆	386	224	162

饲料工业出口产品信息（一）

单位：万元、吨、台（套）

地　　区	总出口额	饲料产品		饲料添加剂	
		出口量	出口额	出口量	出口额
全国总计	**1 528 122**	**93 699**	**59 502**	**1 342 073**	**1 230 337**
北　　京	3 692	8 014	2 272	845	1 420
天　　津	5 842	12 036	5 399	127	443
河　　北	32 707	–	–	56 529	32 707
山　　西	–	–	–	–	–
内　蒙　古	182 992	–	–	211 239	175 058
辽　　宁	71 799	5 276	2 739	174 109	67 481
吉　　林	–	–	–	–	–
黑　龙　江	53 090	–	–	49 378	53 090
上　　海	50 240	262	509	2 950	47 700
江　　苏	284 734	23 950	5 428	41 087	65 211
浙　　江	298 983	1 165	3 397	49 332	295 586
安　　徽	25 582	33 813	24 722	63	860
福　　建	3 402	2 968	3 347	57	55
江　　西	61 588	–	–	18 103	61 588
山　　东	205 518	1 977	4 978	271 126	193 761
河　　南	15 893	–	–	26 696	15 893
湖　　北	56 896	–	–	24 559	51 538
湖　　南	17 903	–	–	25 555	17 511
广　　东	36 442	4 011	6 393	8 440	29 932
海　　南	–	–	–	–	–
广　　西	3 750	153	155	12 288	3 595
重　　庆	91	52	60	17	31
四　　川	12 893	22	103	28 438	12 790
贵　　州	38 988	–	–	131 454	38 988
云　　南	46 275	–	–	206 780	46 275
陕　　西	–	–	–	–	–
甘　　肃	–	–	–	–	–
青　　海	–	–	–	–	–
宁　　夏	–	–	–	–	–
新　　疆	18 821	–	–	2 900	18 821

饲料工业出口产品信息（二）

单位：万元、吨、台（套）

地　　区	单一饲料		饲料机械	
	出口量	出口额	出口量	出口额
全国总计	**326 602**	**89 119**	**13 323**	**149 164**
北　　京	–	–	–	–
天　　津	–	–	–	–
河　　北	–	–	–	–
山　　西	–	–	–	–
内 蒙 古	34 340	7 934	–	–
辽　　宁	9 513	796	1	782
吉　　林	–	–	–	–
黑 龙 江	–	–	–	–
上　　海	2 132	1 683	17	348
江　　苏	267 711	66 061	13 305	148 034
浙　　江	–	–	–	–
安　　徽	–	–	–	–
福　　建	–	–	–	–
江　　西			–	–
山　　东	5 840	6 779	–	–
河　　南			–	–
湖　　北	6 799	5 358	–	–
湖　　南	227	392	–	–
广　　东	40	117	–	–
海　　南	–	–	–	–
广　　西	–	–	–	–
重　　庆	–	–	–	–
四　　川	–	–	–	–
贵　　州	–	–	–	–
云　　南	–	–	–	–
陕　　西	–	–	–	–
甘　　肃	–	–	–	–
青　　海	–	–	–	–
宁　　夏	–	–	–	–
新　　疆	–	–	–	–

第二部分　2016 年主要饲料原料进出口情况

2016 年主要饲料原料进出口情况

	出口数量（吨）	同比（%）	进口数量（吨）	同比（%）
玉米	4 071.4	−63.3	3 168 195.4	−33.0
大豆	128 264.4	−4.2	83 230 183.0	1.8
豆粕	1 876 117.1	10.6	18 076.7	−69.7
饲料用鱼粉	342.2	−90.3	1 036 995.4	1.1
蛋氨酸	25 101.4	206.7	167 553.3	12.9
赖氨酸	335 369.0	28.8	2 552.2	88.1
	出口金额（万美元）	同比（%）	进口金额（万美元）	同比（%）
玉米	288.1	−41.0	63 855.3	−42.4
大豆	10 964.8	−12.9	3 401 808.5	−2.6
豆粕	79 624.1	3.4	1 349.4	−67.6
饲料用鱼粉	44.0	−91.9	161 228.1	−10.0
蛋氨酸	9 057.4	43.0	52 254.7	−31.0
赖氨酸	36 591.5	13.1	520.9	50.2

2016 年各月玉米进出口情况

月份	出口数量（吨）	同比（%）	进口数量（吨）	同比（%）
1 月	38.6	−79.2	8 193.2	−98.6
2 月	615.0	2 283.7	62 272.7	−89.7
3 月	25.0	−89.6	575 472.8	1 035.0
4 月	278.0	−95.0	1 155 539.5	719.4
5 月	19.0	−96.7	1 036 964.2	156.6
6 月	420.1	16.7	67 064.9	−92.3
7 月	60.5	−90.9	29 148.3	−97.4
8 月	321.8	−10.0	26 611.7	−95.6
9 月	65.9	−89.9	19 227.1	−88.7
10 月	208.7	−78.3	14 607.1	−66.1
11 月	714.7	35.1	31 619.6	68.2
12 月	1 304.0	38.0	141 474.3	6.3
月份	出口金额（万美元）	同比（%）	进口金额（万美元）	同比（%）
1 月	3.4	−89.1	321.2	−97.9
2 月	29.0	184.2	1 226.9	−92.3
3 月	1.0	−89.6	11 199.6	762.7
4 月	10.3	−92.9	22 227.0	583.4
5 月	6.4	−70.6	19 868.0	119.1
6 月	15.3	12.0	1 431.3	−92.4
7 月	3.1	−90.0	786.2	−96.7
8 月	13.4	−46.6	697.2	−94.7
9 月	2.7	−89.1	529.1	−86.5
10 月	49.1	−9.9	539.9	−63.7
11 月	73.7	19.5	1 153.1	63.2
12 月	80.8	29.4	3 875.8	0.7

2016 年各月大豆进出口情况

月份	出口数量（吨）	同比（%）	进口数量（吨）	同比（%）
1 月	11 426.7	69.9	5 656 897.3	−17.7
2 月	7 921.2	−50.4	4 507 768.2	5.7
3 月	10 950.8	1.8	6 097 536.3	35.7
4 月	14 393.6	−12.5	7 071 137.8	33.2
5 月	14 055.1	−25.5	7 664 175.9	25.1
6 月	12 047.9	−25.7	7 564 805.2	−6.5
7 月	6 782.9	−35.1	7 757 786.4	−18.3
8 月	8 143.8	−4.8	7 671 101.1	−1.4
9 月	6 844.4	−17.4	7 193 758.1	−0.9
10 月	8 472.8	117.1	5 213 722.6	−5.7
11 月	15 802.2	171.7	7 835 413.1	6.0
12 月	11 422.9	−4.2	8 996 081.0	−1.4

月份	出口金额（万美元）	同比（%）	进口金额（万美元）	同比（%）
1 月	999.5	47.4	219 448.2	−34.2
2 月	634.1	−60.2	171 106.5	−13.9
3 月	918.4	−16.2	228 561.9	13.2
4 月	1 493.5	−17.5	266 785.0	12.0
5 月	1 214.4	−33.0	295 830.1	11.8
6 月	960.6	−25.8	301 862.3	−13.5
7 月	564.6	−33.0	325 260.0	−19.3
8 月	655.9	−3.2	329 275.5	0.3
9 月	497.3	−35.2	307 851.7	1.9
10 月	751.0	110.3	224 872.5	0.6
11 月	1 344.6	124.1	338 230.9	15.3
12 月	931.0	−12.2	392 723.7	9.7

2016 年各月豆粕进出口情况

月份	出口数量（吨）	同比（%）	进口数量（吨）	同比（%）
1 月	112 019.5	−30.9	3 239.4	−68.6
2 月	102 118.5	−12.6	2 724.7	−60.3
3 月	170 519.0	11.0	650.0	−90.6
4 月	126 508.5	41.7	1 018.5	−87.4
5 月	165 400.6	−10.4	1 372.0	−82.6
6 月	217 492.0	74.6	1 322.1	−63.9
7 月	197 214.3	6.2	1 001.0	22.1
8 月	264 052.4	90.0	1 093.0	−64.1
9 月	200 907.4	−3.2	900.0	−70.2
10 月	104 180.7	5.0	549.0	−87.0
11 月	123 812.2	70.7	900.0	−63.1
12 月	91 892.0	−42.8	3 307.0	37.7
月份	出口金额（万美元）	同比（%）	进口金额（万美元）	同比（%）
1 月	4 987.6	−39.0	234.1	−66.4
2 月	4 454.4	−22.7	184.9	−61.3
3 月	6 866.2	−4.9	53.9	−88.9
4 月	5 016.3	14.3	85.8	−84.7
5 月	6 473.4	−23.5	115.0	−79.1
6 月	8 489.7	48.9	109.8	−56.7
7 月	8 026.6	3.1	84.7	12.7
8 月	11 612.6	105.6	86.9	−62.8
9 月	8 879.9	−0.8	75.0	−64.4
10 月	4 861.6	6.8	43.4	−85.6
11 月	5 676.1	69.7	75.0	−52.7
12 月	4 279.5	−38.7	201.1	18.5

2016 年各月饲料用鱼粉进出口情况

月份	出口数量（吨）	同比（%）	进口数量（吨）	同比（%）
1 月	0.5	−99.9	69 124.0	−6.8
2 月	0.0	−100.0	21 701.8	−45.6
3 月	58.0	−70.5	68 762.8	8.6
4 月	29.0	−97.3	122 970.8	100.0
5 月	99.0	−78.6	132 361.9	172.5
6 月	0.0	−100.0	104 717.2	45.8
7 月	16.0	60.0	83 541.1	−45.4
8 月	36.5	−46.3	115 243.3	−0.3
9 月	54.0	−	129 557.5	42.2
10 月	0.0	−	79 148.9	−9.2
11 月	0.0	−100.0	69 462.5	−31.3
12 月	49.2	−41.8	40 403.6	−65.8

月份	出口金额（万美元）	同比（%）	进口金额（万美元）	同比（%）
1 月	0.1	−99.8	11 726.0	−18.3
2 月	0.0	−100.0	3 664.9	−55.2
3 月	6.6	−77.9	10 827.2	−16.1
4 月	3.2	−98.3	18 729.6	55.3
5 月	11.9	−82.0	20 367.8	114.2
6 月	0.0	−100.0	15 172.9	14.7
7 月	2.8	71.9	12 280.3	−54.1
8 月	5.4	−42.5	18 405.1	−5.0
9 月	7.1	−	21 176.4	57.7
10 月	0.0	−	12 757.9	−4.9
11 月	0.0	−100.0	10 643.2	−33.9
12 月	6.9	−18.9	5 476.9	−72.4

2016 年各月蛋氨酸进出口情况

月份	出口数量（吨）	同比（%）	进口数量（吨）	同比（%）
1 月	1 389.2	215.7	14 452.0	0.7
2 月	566.4	41.5	11 224.1	32.4
3 月	1 485.9	258.9	16 680.8	18.1
4 月	1 409.4	250.0	12 446.6	−11.3
5 月	1 008.6	151.2	13 965.1	18.4
6 月	940.2	198.3	15 921.2	26.5
7 月	1 033.3	100.6	17 132.0	17.6
8 月	2 519.8	156.4	14 454.0	30.7
9 月	1 873.1	125.8	14 987.0	140.5
10 月	2 827.5	93.8	10 256.0	−14.2
11 月	5 726.8	410.0	12 780.2	4.0
12 月	4 321.2	379.3	13 254.3	−21.5
月份	出口金额（万美元）	同比（%）	进口金额（万美元）	同比（%）
1 月	654.6	53.4	4 869.6	−28.2
2 月	328.6	10.6	3 718.8	−4.5
3 月	676.3	138.9	5 734.6	−4.8
4 月	595.7	79.5	4 199.2	−31.2
5 月	490.4	47.9	4 420.2	−19.3
6 月	430.2	45.5	4 956.0	−17.0
7 月	440.7	1.6	5 289.9	−24.9
8 月	906.7	58.0	4 579.5	−7.1
9 月	655.4	−59.1	4 675.9	−70.7
10 月	917.8	30.4	2 978.6	−24.3
11 月	1 700.8	188.9	3 487.9	−14.6
12 月	1 260.2	169.8	3 344.6	−39.7

2016 年各月赖氨酸进出口情况

月份	出口数量（吨）	同比（%）	进口数量（吨）	同比（%）
1 月	21 036.8	−11.1	245.0	−7.3
2 月	24 518.3	1.0	0.3	−93.8
3 月	29 863.8	42.8	441.0	1 838.0
4 月	28 146.8	4.9	218.0	9.0
5 月	26 442.4	1.2	76.2	15.8
6 月	30 999.3	50.5	320.2	129.3
7 月	29 457.0	40.7	117.6	46.0
8 月	32 651.4	75.8	76.4	−61.9
9 月	29 644.0	40.6	163.1	226.0
10 月	25 775.9	37.2	100.0	635.2
11 月	31 729.0	70.6	102.6	−52.3
12 月	25 104.4	25.6	691.8	591.8
月份	出口金额（万美元）	同比（%）	进口金额（万美元）	同比（%）
1 月	2 185.7	−35.6	54.7	−32.1
2 月	2 521.4	−21.0	0.3	−98.2
3 月	3 214.6	20.1	78.6	135.8
4 月	2 915.9	−14.6	42.1	66.9
5 月	2 766.3	−15.8	31.1	2.8
6 月	3 417.8	31.9	71.9	138.0
7 月	3 383.5	33.6	16.4	−5.0
8 月	3 827.8	68.1	45.6	48.6
9 月	3 572.9	44.9	33.1	125.8
10 月	2 794.9	27.2	14.3	−15.7
11 月	3 398.4	59.1	21.5	−45.0
12 月	2 592.2	18.0	111.3	676.7

第三部分　2016 年全国饲料生产形势分析

2016 年 1 月全国饲料生产形势分析

一、基本生产情况

1 月，据农业部重点跟踪的 180 家饲料企业统计数据显示，饲料总产量同比增长 2.9%，环比下降 4.5%。从饲料品种看，反刍饲料、其他饲料环比分别增长 6.3%、15.4%；猪饲料、蛋禽饲料、肉禽饲料、水产饲料环比分别下降 3.9%、2.5%、8.9%、13.3%（图 1、图 2）。

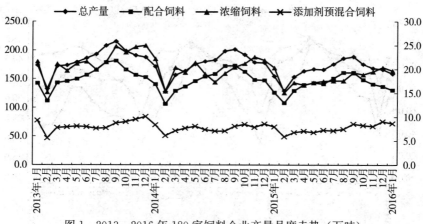

图 1　2013—2016 年 180 家饲料企业产量月度走势（万吨）

注：浓缩饲料和添加剂预混合饲料参考右侧刻度值

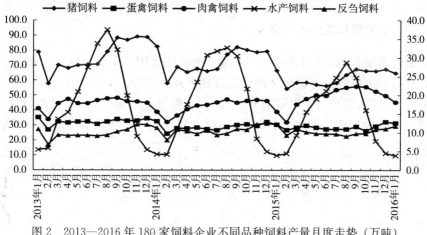

图 2　2013—2016 年 180 家饲料企业不同品种饲料产量月度走势（万吨）

注：水产饲料和反刍饲料参考右侧刻度值

二、不同规模企业情况

1月不同规模企业环比情况：月产1万吨以上的企业产量环比下降3.1%，月产0.5万～1万吨的企业产量环比下降9.6%，月产0.5万吨以下的企业产量环比下降3.5%。

1月不同规模企业同比情况：月产1万吨以上的企业产量同比增长5.6%，月产0.5万～1万吨的企业产量同比下降9.2%，月产0.5万吨以下的企业产量同比下降2.3%（图3）。

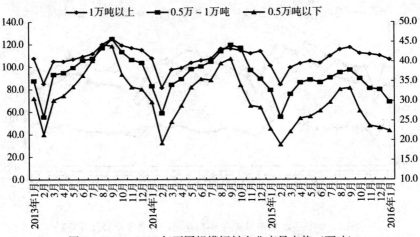

图3　2013—2016 年不同规模饲料企业产量走势（万吨）

注：0.5万～1万吨和0.5万吨以下企业产量参考右侧刻度值

三、饲料原料采购价格情况

原料市场方面，1月主要饲料原料*价格环比中，玉米、豆粕、棉粕、菜粕、麦麸、进口鱼粉、磷酸氢钙环比分别下降1.0%、0.4%、0.8%、1.0%、3.0%、1.5%、0.5%；赖氨酸（98.5%）、赖氨酸（65%）、蛋氨酸（固体）环比分别增长2.0%、1.9%、0.3%，蛋氨酸（液体）环比下降0.4%（表1、表2、图4、图5）。

---

* 主要饲料原料包括玉米、豆粕、棉粕、菜粕、麦麸、进口鱼粉、磷酸氢钙、98.5%赖氨酸、65%赖氨酸和固体、液体蛋氨酸。

表 1　饲料原料采购均价变化

单位：元/千克、%

项目	玉米	豆粕	棉粕	菜粕	麦麸	进口鱼粉
2016 年 1 月	2.04	2.73	2.62	1.99	1.31	12.62
环比	−1.0	−0.4	−0.8	−1.0	−3.0	−1.5
同比	−13.2	−20.6	−10.6	−16.0	−27.6	−16.9

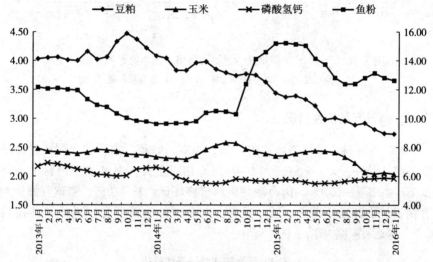

图 4　2013—2016 年饲料大宗原料月度采购均价走势（元/千克）

注：鱼粉价格参考右侧刻度值

表 2　饲料添加剂采购均价变化

单位：元/千克、%

项目	磷酸氢钙	赖氨酸 （98.5%）	赖氨酸 （65%）	蛋氨酸 （固体）	蛋氨酸 （液体）
2016 年 1 月	1.96	7.73	4.76	33.10	26.02
环比	−0.5	2.0	1.9	0.3	−0.4
同比	2.1	−9.7	−11.0	−17.3	−18.4

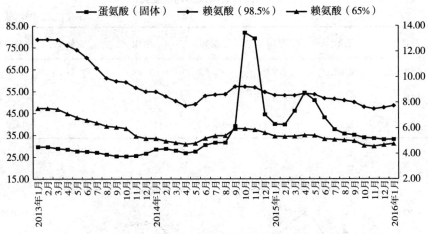

图5   2013—2016 年赖氨酸、蛋氨酸月度采购均价走势（元/千克）

注：赖氨酸（98.5％）和赖氨酸（65％）价格参考右侧刻度值

四、饲料产品价格情况

1月，各饲料产品价格环比中，猪、蛋禽、肉禽、水产配合饲料价格环比分别下降 1.0％、0.3％、0.3％、0.2％；猪、蛋禽、肉禽浓缩饲料价格环比分别下降 0.6％、0.3％，肉禽浓缩饲料价格环比增长 0.2％；猪饲料添加剂预混合饲料价格环比下降 0.5％，蛋禽、肉禽添加剂预混合饲料价格环比持平（表3、表4、图6、图7、图8）。

表3   配合饲料全国平均价格

单位：元/千克、％

项目	配合饲料			
	育肥猪	蛋鸡高峰	肉大鸡	鲤鱼成鱼
2016 年 1 月	3.12	2.88	3.16	4.04
环比	−1.0	−0.3	−0.3	−0.2
同比	−7.4	−8.3	−6.2	−3.3

表4   浓缩饲料和添加剂预混合饲料全国平均价格

单位：元/千克、％

项目	浓缩饲料			添加剂预混合饲料		
	育肥猪	蛋鸡高峰	肉大鸡	4％大猪	5％蛋鸡高峰	5％肉大鸡
2016 年 1 月	4.91	3.74	4.16	5.95	5.26	5.8

（续）

项目	浓缩饲料			添加剂预混合饲料		
	育肥猪	蛋鸡高峰	肉大鸡	4%大猪	5%蛋鸡高峰	5%肉大鸡
环比	−0.6	−0.3	0.2	−0.5	0.0	0.0
同比	−6.1	−6.3	−4.1	−0.7	−1.9	0.5

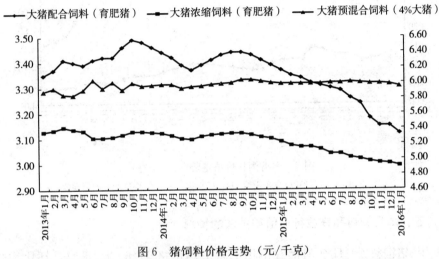

图6 猪饲料价格走势（元/千克）

注：大猪浓缩饲料（育肥猪）和大猪预混合饲料（4%大猪）价格参考右侧刻度值

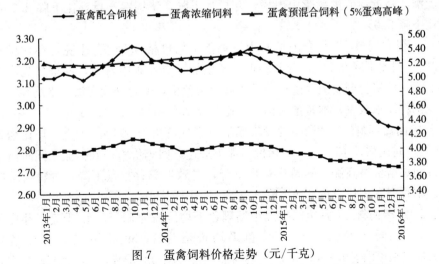

图7 蛋禽饲料价格走势（元/千克）

注：蛋禽浓缩饲料和蛋禽预混合饲料（5%蛋鸡高峰）价格参考右侧刻度值

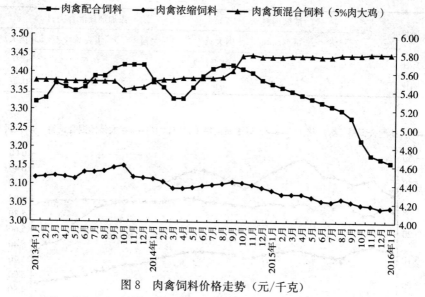

图 8   肉禽饲料价格走势（元/千克）

注：肉禽浓缩饲料和肉禽预混合饲料（5%肉大鸡）价格参考右侧刻度值

五、本月饲料和畜牧行业值得关注的情况

1. 猪饲料。1 月全国批发市场毛猪平均价格 17.69 元/千克，环比增长 6.1%，同比增长 23.8%。猪肉进入消费旺季，大猪供应量紧缺，提振猪肉价格上涨。临近春节生猪集中出栏，存栏量下降，猪饲料产量环比下降 3.9%，同比下降 2.6%。

2. 蛋禽饲料。1 月全国批发市场鸡蛋平均价格 8.34 元/千克，环比增长 4.2%，同比下降 9.7%。春节临近，鸡蛋加工企业集中备货，冬季蛋鸡产蛋率下降，价格上调。但养殖户看跌年后鸡蛋价格，老鸡继续淘汰，蛋鸡存栏下降，饲料需求减少，本月蛋禽饲料环比下降 2.5%，同比增长 3.6%。

3. 肉禽饲料。1 月全国批发市场活鸡平均价格 19.03 元/千克，环比增长 4.0%，同比增长 15.3%。生猪价格涨势加速，肉鸡价格得到提振，同时由于上月肉鸡苗价格高涨，养殖户补栏下降，导致毛鸡存栏量下降，饲料需求减少。本月肉禽饲料产量环比下降 8.9%，同比增长 16.2%。

4. 水产饲料。1 月全国批发市场鲤鱼平均价格为 11.85 元/千克，环比下降 0.8%，同比增长 0.2%；草鱼平均价格为 11.89 元/千克，环比增长 0.9%，同比下降 9.4%；带鱼平均价格为 29.54 元/千克，环比增长 2.7%，同比增长 5.7%。国内水产养殖处于淡季，饲料需求持续较弱。本月水产饲料产量环比下降 13.3%，同比持平。

5. 反刍饲料。1 月全国批发市场牛肉平均价格为 63.94 元/千克，环比增长 17.9%，同比增长 17.7%；羊肉平均价格为 46.74 元/千克，环比下降 0.4%，同比下降 11.7%。冬季作为牛羊肉消费旺季，牛肉价格上涨，但由于当前羊肉市场供大于求，价格未得到提振。冬季天气寒冷，养殖户加大备货量。本月反刍饲料产量环比增长 6.3%，同比下降 3.3%。

2016 年 2 月全国饲料生产形势分析

一、基本生产情况

2 月，据农业部重点跟踪的 180 家饲料企业统计数据显示，饲料总产量同比下降 5.8％，环比下降 23.5％。从饲料品种看，猪饲料、蛋禽饲料、肉禽饲料、水产饲料、反刍饲料、其他饲料环比分别下降 30.4％、21.9％、12.1％、20.5％、33.1％、33.3％（图 1、图 2）。

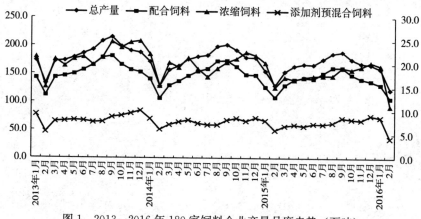

图 1　2013—2016 年 180 家饲料企业产量月度走势（万吨）

注：浓缩饲料和添加剂预混合饲料参考右侧刻度值

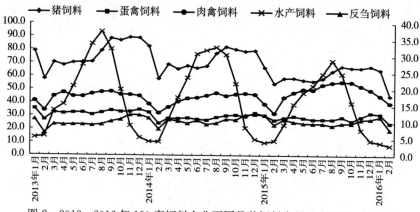

图 2　2013—2016 年 180 家饲料企业不同品种饲料产量月度走势（万吨）

注：水产饲料和反刍饲料参考右侧刻度值

二、不同规模企业情况

2月不同规模企业环比情况：月产1万吨以上的企业产量环比下降14.0%，月产0.5万～1万吨的企业产量环比下降26.6%，月产0.5万吨以下的企业产量环比下降41.7%。

2月不同规模企业同比情况：月产1万吨以上的企业产量同比增长7.5%，月产0.5万～1万吨的企业产量同比下降16.3%，月产0.5万吨以下的企业产量同比下降25.2%（图3）。

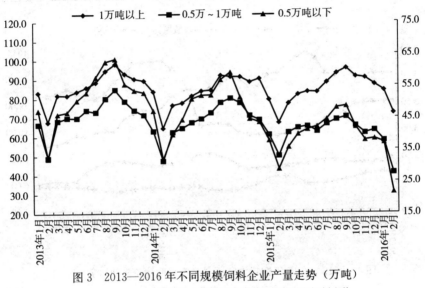

图3　2013—2016年不同规模饲料企业产量走势（万吨）

注：0.5万～1万吨和0.5万吨以下企业产量参考右侧刻度值

三、饲料原料采购价格情况

原料市场方面，2月主要饲料原料*价格环比中，玉米、棉粕、麦麸、进口鱼粉环比分别下降1.5%、0.8%、0.8%、0.2%；豆粕、菜粕环比分别增长0.7%、1.5%；磷酸氢钙环比持平；赖氨酸（98.5%）环比增长0.5%，赖氨酸（65%）环比持平，蛋氨酸（固体）、蛋氨酸（液体）环比分别下降0.6%、0.3%（表1、表2、图4、图5）。

---

*　主要饲料原料包括玉米、豆粕、棉粕、菜粕、麦麸、进口鱼粉、磷酸氢钙、98.5%赖氨酸、65%赖氨酸和固体、液体蛋氨酸。

表 1 饲料原料采购均价变化

单位：元/千克、%

项目	玉米	豆粕	棉粕	菜粕	麦麸	进口鱼粉
2016 年 2 月	2.01	2.75	2.60	2.02	1.30	12.59
环比	−1.5	0.7	−0.8	1.5	−0.8	−0.2
同比	−14.5	−18.4	−10.7	−14	−27.8	−17.3
2016 年 1~2 月累计均价	2.03	2.74	2.61	2.01	1.31	12.61
累计同比	−13.6	−19.6	−10.6	−14.8	−27.6	−17.1

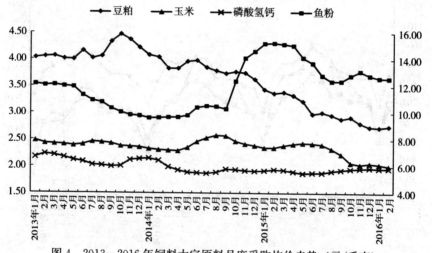

图 4 2013—2016 年饲料大宗原料月度采购均价走势（元/千克）

注：鱼粉价格参考右侧刻度值

表 2 饲料添加剂采购均价变化

单位：元/千克、%

项目	磷酸氢钙	赖氨酸 （98.5%）	赖氨酸 （65%）	蛋氨酸 （固体）	蛋氨酸 （液体）
2016 年 2 月	1.96	7.77	4.76	32.91	25.93
环比	0.0	0.5	0.0	−0.6	−0.3
同比	1.0	−9.0	−10.5	−17.4	−18.4
2016 年 1~2 月累计均价	1.96	7.75	4.76	33.01	25.98
累计同比	1.6	−9.4	−10.9	−17.3	−18.4

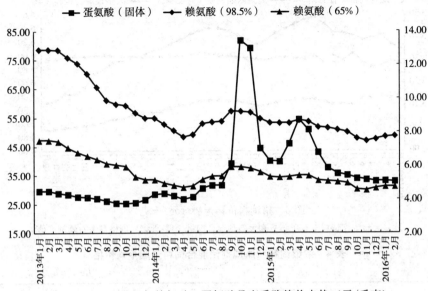

图 5　2013—2016 年赖氨酸、蛋氨酸月度采购均价走势（元/千克）

注：赖氨酸（98.5%）和赖氨酸（65%）价格参考右侧刻度值

四、饲料产品价格情况

2 月，各饲料产品价格环比中，猪、蛋禽、肉禽、水产配合饲料价格环比分别下降 0.3%、1.0%、0.9%、0.2%；蛋禽、肉禽浓缩饲料价格环比分别下降 0.3%、1.0%，猪浓缩饲料价格环比持平；猪、蛋禽饲料添加剂预混合饲料价格环比均下降 0.2%，肉禽添加剂预混合饲料价格环比增长 0.2%（表3、表4、图6、图7、图8）。

表 3　配合饲料全国平均价格

单位：元/千克、%

项目	配合饲料			
	育肥猪	蛋鸡高峰	肉大鸡	鲤鱼成鱼
2016 年 2 月	3.11	2.85	3.13	4.03
环比	−0.3	−1.0	−0.9	−0.2
同比	−7.2	−8.7	−6.8	−3.4
2016 年 1～2 月累计均价	3.12	2.87	3.15	4.04
累计同比	−7.1	−8.3	−6.5	−3.3

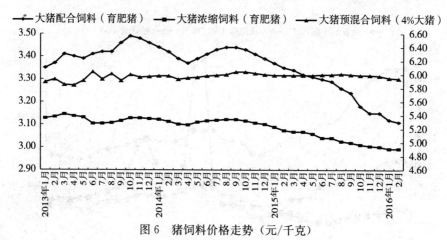

图 6   猪饲料价格走势（元/千克）

注：大猪浓缩饲料（育肥猪）和大猪预混合饲料（4%大猪）价格参考右侧刻度值

表 4   浓缩饲料和添加剂预混合饲料全国平均价格

单位：元/千克、%

项目	浓缩饲料			添加剂预混合饲料		
	育肥猪	蛋鸡高峰	肉大鸡	4%大猪	5%蛋鸡高峰	5%肉大鸡
2016 年 2 月	4.91	3.73	4.12	5.94	5.25	5.81
环比	0.0	−0.3	−1.0	−0.2	−0.2	0.2
同比	−5.2	−5.8	−4.2	−0.8	−1.7	0.7
2016 年 1～2 月 累计均价	4.91	3.74	4.14	5.95	5.26	5.81
累计同比	−5.8	−6.0	−4.2	−0.7	−1.7	0.7

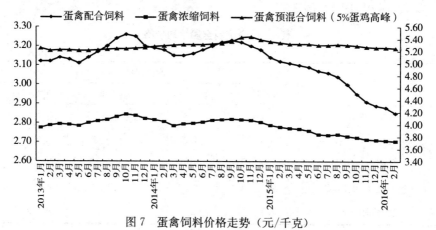

图 7   蛋禽饲料价格走势（元/千克）

注：蛋禽浓缩饲料和蛋禽预混合饲料（5%蛋鸡高峰）价格参考右侧刻度值

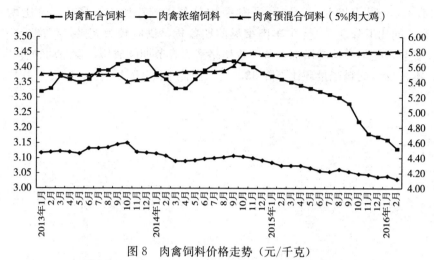

图 8　肉禽饲料价格走势（元/千克）

注：肉禽浓缩饲料和肉禽预混合饲料（5％肉大鸡）价格参考右侧刻度值

五、本月饲料和畜牧行业值得关注的情况

1. 猪饲料。2月全国批发市场毛猪平均价格 18.28 元/千克，环比增长 3.4％，同比增长 40.9％。春节期间，猪肉需求增加，市场供应偏紧，提振猪肉价格上涨。能繁母猪存栏量继续处于低位，养殖市场清淡，加之部分饲料厂商放假，订单量减少，猪饲料产量环比下降 30.4％，同比下降 16.8％。

2. 蛋禽饲料。2月全国批发市场鸡蛋平均价格 8.54 元/千克，环比增长 2.4％，同比下降 5.7％。冬季蛋鸡产蛋率下降，春节期间消费量提升，鸡蛋价格上调。但节后鸡蛋价格看跌较强，淘汰鸡数量增加，加之节前备货影响，本月蛋禽饲料环比下降 21.9％，同比下降 8.2％。

3. 肉禽饲料。2月全国批发市场活鸡平均价格 18.18 元/千克，环比下降 4.4％，同比增长 6.3％。肉鸡存栏量较多，消费需求低迷，春节期间养殖户补栏不明显，饲料需求减少。本月肉禽饲料产量环比下降 12.1％，同比增长 24.4％。

4. 水产饲料。2月全国批发市场鲤鱼平均价格为 12.09 元/千克，环比增长 2.0％，同比增长 0.5％；草鱼平均价格为 12.26 元/千克，环比增长 3.2％，同比下降 6.4％；带鱼平均价格为 32.03 元/千克，环比增长 8.4％，同比增长 11.7％。国内水产养殖继续处于淡季，饲料需求持续较弱。本月水产饲料产量环比下降 20.5％，同比下降 29.5％。

5. 反刍饲料。2月全国批发市场牛肉平均价格为 54.46 元/千克，环比下降 14.8%，同比增长 0.4%；羊肉平均价格为 47.19 元/千克，环比增长 1.0%，同比下降 9.4%。牛羊肉市场前期备货，供应较为充足，牛肉价格下降。春节期间羊肉消费增加，羊肉价格略涨。春节期间放假，反刍动物补栏不足，本月反刍饲料产量环比下降 33.1%，同比下降 15.1%。

2016年3月全国饲料生产形势分析

一、基本生产情况

3月，据农业部重点跟踪的180家饲料企业统计数据显示，饲料总产量同比增长1.7%，环比增长28.3%。从饲料品种看，猪饲料、蛋禽饲料、肉禽饲料、水产饲料、反刍饲料、其他饲料环比分别增长24.3%、18.7%、24.9%、148.4%、32.9%、160.0%（图1、图2）。

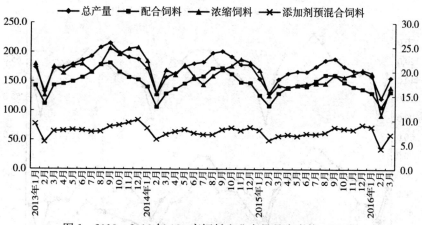

图1 2013—2016年180家饲料企业产量月度走势（万吨）

注：浓缩饲料和添加剂预混合饲料参考右侧刻度值

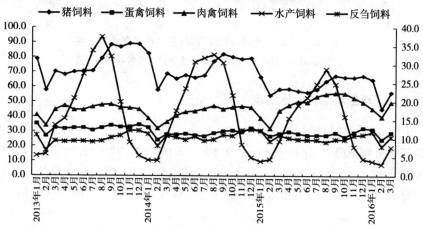

图2 2013—2016年180家饲料企业不同品种饲料产量月度走势（万吨）

注：水产饲料和反刍饲料参考右侧刻度值

二、不同规模企业情况

3月不同规模企业环比情况：月产 1 万吨以上的企业产量环比增长 21.7%，月产 0.5 万～1 万吨的企业产量环比增长 52.3%，月产 0.5 万吨以下的企业产量环比增长 41.4%。

3月不同规模企业同比情况：月产 1 万吨以上的企业产量同比增长 4.2%，月产 0.5 万～1 万吨的企业产量同比下降 3.8%，月产 0.5 万吨以下的企业产量同比下降 3.8%（图 3）。

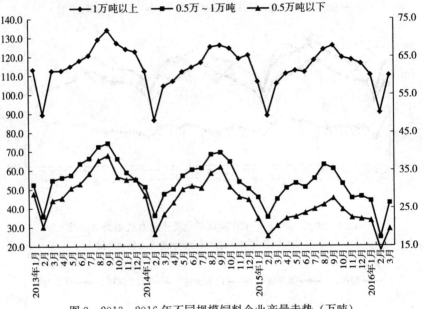

图 3　2013—2016 年不同规模饲料企业产量走势（万吨）

注：0.5 万～1 万吨和 0.5 万吨以下企业产量参考右侧刻度值

三、饲料原料采购价格情况

3月主要饲料原料*价格环比中，玉米、豆粕、棉粕、菜粕、麦麸、进口鱼粉环比分别下降 2.5%、3.3%、0.8%、5.0%、6.9%、1.2%；磷酸氢钙、赖氨酸（98.5%）、赖氨酸（65%）、蛋氨酸（固体）、蛋氨酸（液体）环比分别下降 0.5%、0.6%、0.2%、1.9%、2.5%（表1、表2、图4、图5）。

---

* 主要饲料原料包括玉米、豆粕、棉粕、菜粕、麦麸、进口鱼粉、磷酸氢钙、98.5%赖氨酸、65%赖氨酸和固体、液体蛋氨酸。

表 1　饲料原料采购均价变化

单位：元/千克、%

项目	玉米	豆粕	棉粕	菜粕	麦麸	进口鱼粉
2016 年 3 月	1.96	2.66	2.58	1.92	1.21	12.44
环比	−2.5	−3.3	−0.8	−5.0	−6.9	−1.2
同比	−18.0	−21.5	−11.3	−19.0	−32.0	−17.8
2016 年 1～3 月累计均价	2.00	2.71	2.60	1.98	1.27	12.55
累计同比	−15.1	−20.2	−11.0	−16.2	−29.3	−17.3

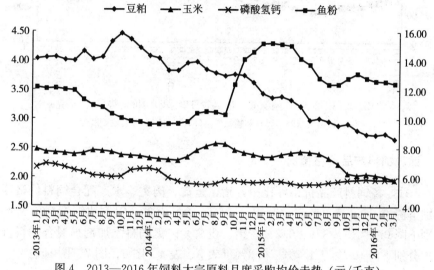

图 4　2013—2016 年饲料大宗原料月度采购均价走势（元/千克）

注：鱼粉价格参考右侧刻度值

表 2　饲料添加剂采购均价变化

单位：元/千克、%

项目	磷酸氢钙	赖氨酸 （98.5%）	赖氨酸 （65%）	蛋氨酸 （固体）	蛋氨酸 （液体）
2016 年 3 月	1.95	7.72	4.75	32.27	25.27
环比	−0.5	−0.6	−0.2	−1.9	−2.5
同比	1.0	−9.6	−11.0	−29.9	−29.3
2016 年 1～3 月累计均价	1.96	7.74	4.76	32.76	25.74
累计同比	1.4	−9.5	−10.9	−21.9	−22.3

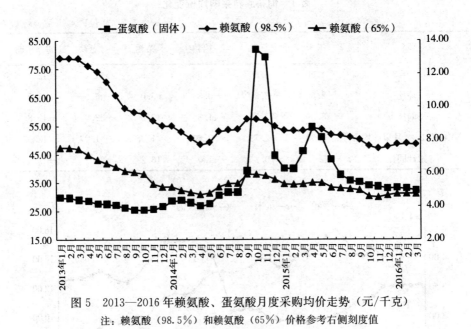

图5　2013—2016 年赖氨酸、蛋氨酸月度采购均价走势（元/千克）

注：赖氨酸（98.5％）和赖氨酸（65％）价格参考右侧刻度值

四、饲料产品价格情况

3月，各饲料产品价格环比中，猪、蛋禽、肉禽、水产配合饲料价格环比分别下降 0.6％、1.1％、1.0％、1.5％；猪、蛋禽、肉禽浓缩饲料价格环比分别下降 0.4％、1.3％、0.2％；猪、蛋禽、肉禽饲料添加剂预混合饲料价格环比分别下降 0.7％、1.7％、0.3％（表3、表4、图6、图7、图8）。

表3　配合饲料全国平均价格

单位：元/千克、％

项目	配合饲料			
	育肥猪	蛋鸡高峰	肉大鸡	鲤鱼成鱼
2016 年 3 月	3.09	2.82	3.10	3.97
环比	−0.6	−1.1	−1.0	−1.5
同比	−7.5	−9.3	−7.5	−4.6
2016 年 1～3 月累计均价	3.11	2.85	3.13	4.01
累计同比	−7.3	−8.7	−6.8	−3.8

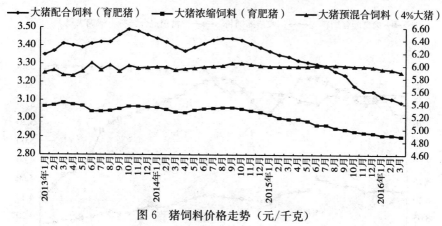

图6　猪饲料价格走势（元/千克）

注：大猪浓缩饲料（育肥猪）和大猪预混合饲料（4%大猪）价格参考右侧刻度值

表4　浓缩饲料和添加剂预混合饲料全国平均价格

单位：元/千克、%

项目	浓缩饲料			添加剂预混合饲料		
	育肥猪	蛋鸡高峰	肉大鸡	4%大猪	5%蛋鸡高峰	5%肉大鸡
2016年3月	4.89	3.68	4.11	5.90	5.16	5.79
环比	−0.4	−1.3	−0.2	−0.7	−1.7	−0.3
同比	−5.2	−6.6	−4.4	−1.5	−3.0	0.2
2016年1~3月 累计均价	4.90	3.72	4.13	5.93	5.22	5.80
累计同比	−5.5	−6.1	−4.2	−1.0	−2.2	0.5

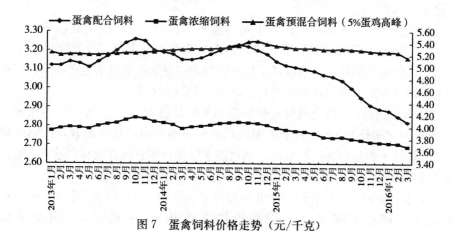

图7　蛋禽饲料价格走势（元/千克）

注：蛋禽浓缩饲料和蛋禽预混合饲料（5%蛋鸡高峰）价格参考右侧刻度值

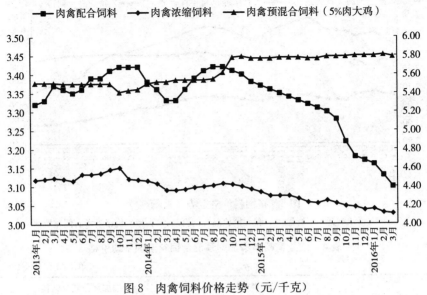

图 8   肉禽饲料价格走势（元/千克）

注：肉禽浓缩饲料和肉禽预混合饲料（5％肉大鸡）价格参考右侧刻度值

五、本月饲料和畜牧行业值得关注的情况

1. 猪饲料。3 月全国批发市场毛猪平均价格 19.40 元/千克，环比增长 6.1％，同比增长 61.6％。由于近期各大院校陆续开学，猪肉消费增加，生猪市场供应不足，价格上涨。同时养殖利润好，盈利在 800～1 000 元/头，大大提振养殖户补栏积极性，饲料需求增加。本月猪饲料产量环比增长 24.3％，同比下降 3.8％。

2. 蛋禽饲料。3 月全国批发市场鸡蛋平均价格 7.20 元/千克，环比下降 15.7％，同比下降 12.5％。随着气温回升，鸡蛋不易保存，批发商加快库存流通，以低价求销量，鸡蛋价格下跌。但目前正处于蛋禽春季生产旺季，饲料需求增加，本月蛋禽饲料环比增长 18.7％，同比增长 2.5％。

3. 肉禽饲料。3 月全国批发市场活鸡平均价格 18.61 元/千克，环比增长 2.3％，同比增长 9.3％。由于前期肉鸡补栏不足，肉鸡供应偏紧，活鸡价格上涨，提振了养殖户补栏积极性，饲料需求增加，本月肉禽饲料产量环比增长 24.9％，同比增长 13.2％。

4. 水产饲料。3 月全国批发市场鲤鱼平均价格为 11.74 元/千克，环比下降 2.9％，同比下降 7.3％；草鱼平均价格为 12.05 元/千克，环比下降 1.7％，同比下降 6.2％；带鱼平均价格为 32.84 元/千克，环比下降 3.7％，同比增长 8.6%。春节后水产品消费不足，价格整体下降。由于水产养殖投苗已陆续启动，饲料需求增加，水产饲料产量环比增长 148.4%，同比下降 17.2%。

5. 反刍饲料。3 月全国批发市场牛肉平均价格为 53.69 元/千克，环比下降 1.4%，同比下降 1.3%；羊肉平均价格为 46.61 元/千克，环比下降 1.2%，同比下降 12.4%。春节后牛羊肉消费不足，价格下降。由于奶牛已进入春季生产旺季，肉牛、肉羊补栏也陆续启动，饲料需求增加，本月反刍饲料产量环比增长 32.9%，同比下降 3.7%。

2016 年 4 月全国饲料生产形势分析

一、基本生产情况

4 月，据农业部重点跟踪的 180 家饲料企业统计数据显示，饲料总产量同比增长 0.9%，环比增长 5.7%。从饲料品种看，猪饲料、蛋禽饲料、肉禽饲料、水产饲料、其他饲料环比分别增长 0.2%、4.1%、7.0%、54.5%、7.7%，反刍饲料环比下降 1.9%（图 1、图 2）。

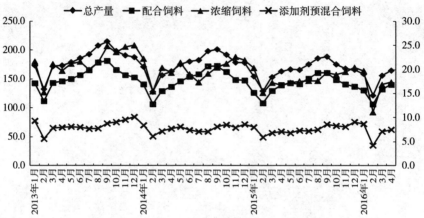

图 1　2013—2016 年 180 家饲料企业产量月度走势（万吨）

注：浓缩饲料和添加剂预混合饲料参考右侧刻度值

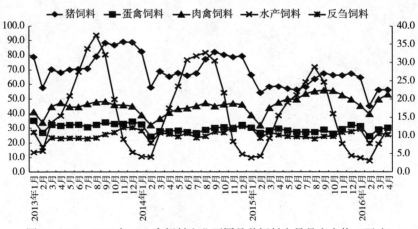

图 2　2013—2016 年 180 家饲料企业不同品种饲料产量月度走势（万吨）

注：水产饲料和反刍饲料参考右侧刻度值

二、不同规模企业情况

4 月不同规模企业环比情况：月产 1 万吨以上的企业产量环比增长 6.6%，月产 0.5 万～1 万吨的企业产量环比增长 4.6%，月产 0.5 万吨以下的企业产量环比增长 2.2%。

4 月不同规模企业同比情况：月产 1 万吨以上的企业产量同比增长 5.2%，月产 0.5 万～1 万吨的企业产量同比下降 6.5%，月产 0.5 万吨以下的企业产量同比下降 11.3%（图 3）。

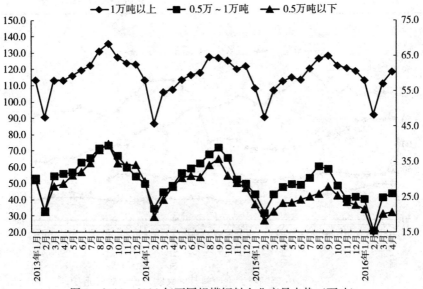

图 3　2013—2016 年不同规模饲料企业产量走势（万吨）
注：0.5 万～1 万吨和 0.5 万吨以下企业产量参考右侧刻度值

三、饲料原料采购价格情况

4 月主要饲料原料*价格环比中，豆粕、菜粕、进口鱼粉环比分别增长 0.4%、1.0%、0.2%，玉米、棉粕、麦麸环比分别下降 3.6%、4.3%、4.1%；磷酸氢钙、赖氨酸（98.5%）、赖氨酸（65%）、蛋氨酸（固体）、蛋氨酸（液体）环比分别下降 2.6%、4.0%、3.8%、4.2%、2.9%（表 1、表 2、图 4、图 5）。

---

* 主要饲料原料包括玉米、豆粕、棉粕、菜粕、麦麸、进口鱼粉、磷酸氢钙、98.5% 赖氨酸、65% 赖氨酸和固体、液体蛋氨酸。

表 1　饲料原料采购均价变化

单位：元/千克、%

项目	玉米	豆粕	棉粕	菜粕	麦麸	进口鱼粉
2016 年 4 月	1.89	2.67	2.47	1.94	1.16	12.47
环比	−3.6	0.4	−4.3	1.0	−4.1	0.2
同比	−21.9	−19.8	−14.5	−18.1	−29.3	−17.1
2016 年 1～4 月累计均价	1.98	2.70	2.57	1.97	1.25	12.53
累计同比	−16.8	−20.1	−11.7	−16.9	−29.0	−17.3

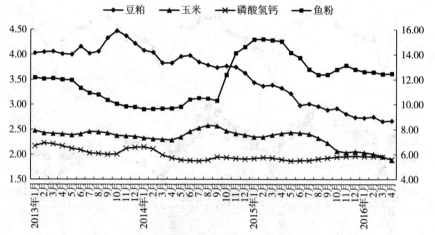

图 4　2013—2016 年饲料大宗原料月度采购均价走势（元/千克）

注：鱼粉价格参考右侧刻度值

表 2　饲料添加剂采购均价变化

单位：元/千克、%

项目	磷酸氢钙	赖氨酸（98.5%）	赖氨酸（65%）	蛋氨酸（固体）	蛋氨酸（液体）
2016 年 4 月	1.90	7.41	4.57	30.91	24.53
环比	−2.6	−4.0	−3.8	−4.2	−2.9
同比	0.0	−14.8	−15.8	−43.2	−42.7
2016 年 1～4 月累计均价	1.94	7.66	4.71	32.30	25.44
累计同比	1.0	−10.8	−12.1	−28.3	−28.5

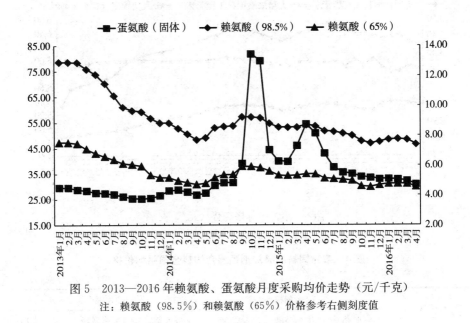

图 5　2013—2016 年赖氨酸、蛋氨酸月度采购均价走势（元/千克）

注：赖氨酸（98.5%）和赖氨酸（65%）价格参考右侧刻度值

四、饲料产品价格情况

4 月，各饲料产品价格环比中，猪、蛋禽配合饲料价格环比分别下降 3.2%、1.1%，肉禽、水产配合饲料价格环比均下降 2.3%；猪、蛋禽、肉禽浓缩饲料价格环比分别下降 0.6%、1.6%、1.2%；猪、蛋禽添加剂预混合饲料价格环比分别增长 0.3%、2.1%，肉禽添加剂预混合饲料价格环比下降 0.5%（表 3、表 4、图 6、图 7、图 8）。

表 3　配合饲料全国平均价格

单位：元/千克、%

项目	配合饲料			
	育肥猪	蛋鸡高峰	肉大鸡	鲤鱼成鱼
2016 年 4 月	2.99	2.79	3.03	3.88
环比	−3.2	−1.1	−2.3	−2.3
同比	−9.9	−10.0	−9.3	−6.5
2016 年 1~4 月累计均价	3.08	2.84	3.11	3.98
累计同比	−8.1	−9.0	−7.4	−4.6

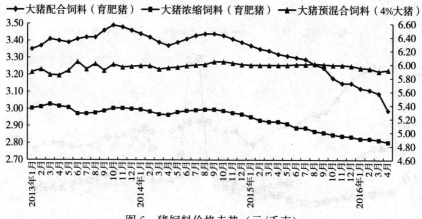

图 6　猪饲料价格走势（元/千克）

注：大猪浓缩饲料（育肥猪）和大猪预混合饲料（4%大猪）价格参考右侧刻度值

表 4　浓缩饲料和添加剂预混合饲料全国平均价格

单位：元/千克、%

项目	浓缩饲料			添加剂预混合饲料		
	育肥猪	蛋鸡高峰	肉大鸡	4%大猪	5%蛋鸡高峰	5%肉大鸡
2016 年 4 月	4.86	3.62	4.06	5.92	5.27	5.76
环比	−0.6	−1.6	−1.2	0.3	2.1	−0.5
同比	−5.8	−7.9	−5.6	−1.2	−0.9	−0.3
2016 年 1～4 月 累计均价	4.89	3.69	4.11	5.93	5.24	5.79
累计同比	−5.6	−6.8	−4.6	−1.0	−1.9	0.2

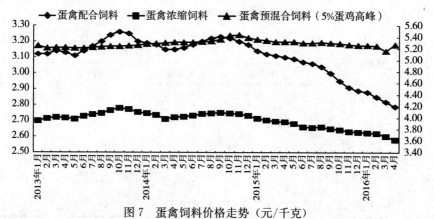

图 7　蛋禽饲料价格走势（元/千克）

注：蛋禽浓缩饲料和蛋禽预混合饲料（5%蛋鸡高峰）价格参考右侧刻度值

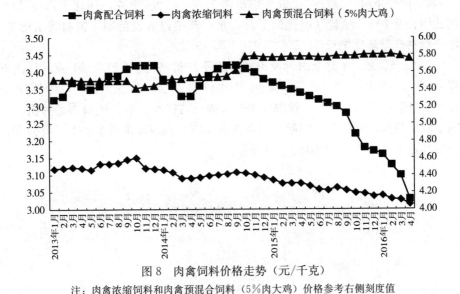

图 8　肉禽饲料价格走势（元/千克）

注：肉禽浓缩饲料和肉禽预混合饲料（5%肉大鸡）价格参考右侧刻度值

五、本月饲料和畜牧行业值得关注的情况

1. 猪饲料。4 月全国批发市场毛猪平均价格 20.53 元/千克，环比增长 5.8%，同比增长 61.6%。据农业部公布数据显示，3 月生猪存栏量同比下降 4.0%，连续 28 个月下降；环比增长 0.9%。由于生猪供应不足，生猪价格持续上涨，国家为保障市场供应、稳定物价，投放省级储备冻猪肉，预计供应紧张局面将有所缓解。本月全国商品猪平均养殖效益盈利 715 元/头，环比增长 13.7%，养殖效益丰厚提振养殖户补栏积极性，饲料需求增加，猪饲料产量环比增长 0.2%，同比下降 3.9%。

2. 蛋禽饲料。4 月全国批发市场鸡蛋平均价格 7.19 元/千克，环比下降 0.1%，同比下降 5.7%。春季是蛋鸡生产旺季，市场供应稳定，而终端消费一般，鸡蛋价格稳中下调。受蛋禽生产旺季影响，饲料需求增加，本月蛋禽饲料环比增长 4.1%，同比增长 2.0%。

3. 肉禽饲料。4 月全国批发市场活鸡平均价格 19.48 元/千克，环比增长 4.7%，同比增长 21.4%。由于市场鸡源较少，屠宰企业库存逐渐消耗，以及猪肉价格的持续上涨，提振了活鸡价格。春季是肉禽补栏旺季，养殖户补栏积极性增加，本月肉禽饲料产量环比增长 7.0%，同比增长 11.8%。

4. 水产饲料。4 月全国批发市场鲤鱼平均价格为 11.42 元/千克，环比下降 2.7%，同比下降 13.1%；草鱼平均价格为 12.23 元/千克，环比增长

1.5%，同比下降 5.3%；带鱼平均价格为 30.77 元/千克，环比下降 0.2%，同比增长 9.8%。随着气温逐渐上升，水产养殖进入投苗期，饲料需求增加，水产饲料产量环比增长 54.5%，同比下降 23.2%。

5. 反刍饲料。4 月全国批发市场牛肉平均价格为 53.27 元/千克，环比下降 0.8%，同比下降 1.9%；羊肉平均价格为 45.96 元/千克，环比下降 1.4%，同比下降 11.1%。春季处于牛羊肉消费淡季，加上进口产品冲击，价格下降。另外，随着天气回暖，牧草逐渐丰富，饲料需求减少，本月反刍饲料产量环比下降 1.9%，同比增长 1.0%。

2016 年 5 月全国饲料生产形势分析

一、基本生产情况

5 月，据农业部重点跟踪的 180 家饲料企业统计数据显示，饲料总产量同比增长 9.9%，环比增长 11.3%。从饲料品种看，猪饲料、蛋禽饲料、肉禽饲料、水产饲料、反刍饲料环比分别增长 6.9%、4.3%、11.7%、59.7%、6.8%；其他饲料下降 21.4%（图 1、图 2）。

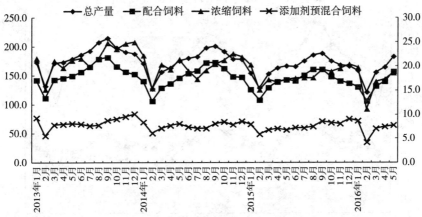

图 1　2013—2016 年 180 家饲料企业产量月度走势（万吨）

注：浓缩饲料和添加剂预混合饲料参考右侧刻度值

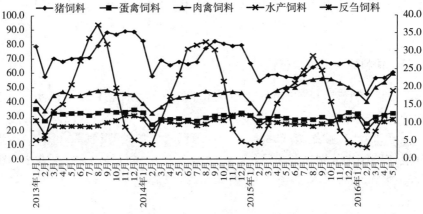

图 2　2013—2016 年 180 家饲料企业不同品种饲料产量月度走势（万吨）

注：水产饲料和反刍饲料参考右侧刻度值

二、不同规模企业情况

5月不同规模企业环比情况：月产1万吨以上的企业产量环比增长13.3%，月产0.5万~1万吨的企业产量环比增长5.4%，月产0.5万吨以下的企业产量环比增长6.2%。

5月不同规模企业同比情况：月产1万吨以上的企业产量同比增长12.2%，月产0.5万~1万吨的企业产量同比增长0.3%，月产0.5万吨以下的企业产量同比增长8.5%（图3）。

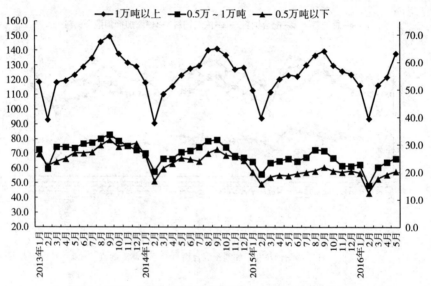

图3　2013—2016年不同规模饲料企业产量走势（万吨）

注：0.5万~1万吨和0.5万吨以下企业产量参考右侧刻度值

三、饲料原料采购价格情况

5月主要饲料原料*价格环比中，玉米、豆粕、棉粕、菜粕、麦麸、进口鱼粉环比分别增长0.5%、8.2%、2.8%、6.2%、6.0%、4.2%；磷酸氢钙环比下降2.1%、赖氨酸（98.5%）、赖氨酸（65%）、蛋氨酸（固体）、蛋氨酸（液体）环比分别增长5.8%、4.4%、1.5%、2.7%（表1、表2、图4、图5）。

---

* 主要饲料原料包括玉米、豆粕、棉粕、菜粕、麦麸、进口鱼粉、磷酸氢钙、98.5%赖氨酸、65%赖氨酸和固体、液体蛋氨酸。

表 1　饲料原料采购均价变化

单位：元/千克、%

项目	玉米	豆粕	棉粕	菜粕	麦麸	进口鱼粉
2016 年 5 月	1.90	2.89	2.54	2.06	1.23	12.99
环比	0.5	8.2	2.8	6.2	6.0	4.2
同比	−22.1	−10.2	−12.1	−11.6	−20.6	−8.1
2016 年 1~5 月累计均价	1.96	2.74	2.56	1.99	1.24	12.62
累计同比	−18.0	−18.2	−12.0	−15.7	−27.9	−15.6

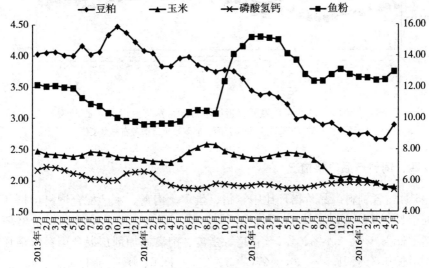

图 4　2013—2016 年饲料大宗原料月度采购均价走势（元/千克）

注：鱼粉价格参考右侧刻度值

表 2　饲料添加剂采购均价变化

单位：元/千克、%

项目	磷酸氢钙	赖氨酸 （98.5%）	赖氨酸 （65%）	蛋氨酸 （固体）	蛋氨酸 （液体）
2016 年 5 月	1.86	7.84	4.77	31.38	25.20
环比	−2.1	5.8	4.4	1.5	2.7
同比	−0.5	−9.0	−11.8	−38.3	−38.3
2016 年 1~5 月累计均价	1.93	7.69	4.72	32.11	25.39
累计同比	1.0	−10.5	−12.1	−30.6	−30.6

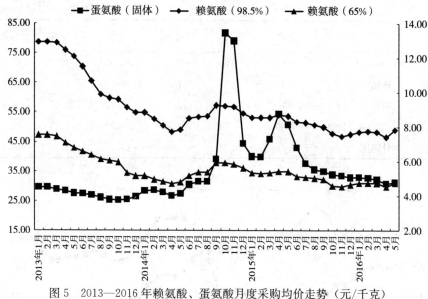

图 5　2013—2016 年赖氨酸、蛋氨酸月度采购均价走势（元/千克）

注：赖氨酸（98.5%）和赖氨酸（65%）价格参考右侧刻度值

四、饲料产品价格情况

5 月，各饲料产品价格环比中，猪、蛋禽、肉禽、水产配合饲料价格环比分别增长 1.7%、1.4%、0.7%、0.5%；猪、蛋禽、肉禽浓缩饲料价格环比分别增长 1.6%、2.5%、1.7%；猪、蛋禽、肉禽添加剂预混合饲料价格环比分别增长 0.3%、1.5%、0.5%（表 3、表 4、图 6、图 7、图 8）。

表 3　配合饲料全国平均价格

单位：元/千克、%

项目	配合饲料			
	育肥猪	蛋鸡高峰	肉大鸡	鲤鱼成鱼
2016 年 5 月	3.04	2.83	3.05	3.90
环比	1.7	1.4	0.7	0.5
同比	−8.2	−8.4	−8.4	−6.0
2016 年 1~5 月累计均价	3.07	2.83	3.09	3.96
累计同比	−8.1	−9.0	−7.8	−4.8

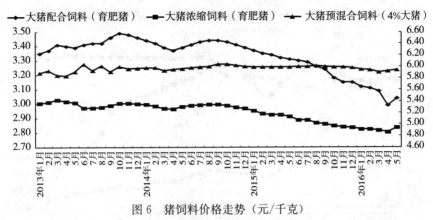

图6　猪饲料价格走势（元/千克）

注：大猪浓缩饲料（育肥猪）和大猪预混合饲料（4%大猪）价格参考右侧刻度值

表4　浓缩饲料和添加剂预混合饲料全国平均价格

单位：元/千克、%

项目	浓缩饲料			添加剂预混合饲料		
	育肥猪	蛋鸡高峰	肉大鸡	4%大猪	5%蛋鸡高峰	5%肉大鸡
2016年5月	4.94	3.71	4.13	5.94	5.35	5.79
环比	1.6	2.5	1.7	0.3	1.5	0.5
同比	−3.7	−4.9	−3.3	−0.8	0.6	0.2
2016年1~5月累计均价	4.90	3.70	4.12	5.93	5.26	5.79
累计同比	−5.2	−6.1	−4.2	−1.0	−1.3	0.2

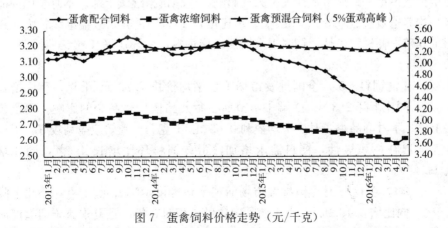

图7　蛋禽饲料价格走势（元/千克）

注：蛋禽浓缩饲料和蛋禽预混合饲料（5%蛋鸡高峰）价格参考右侧刻度值

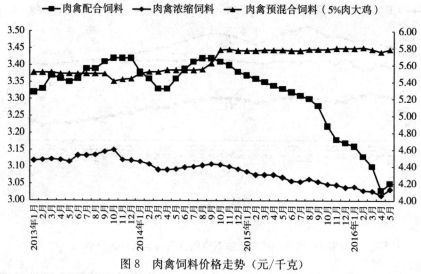

图 8　肉禽饲料价格走势（元/千克）

注：肉禽浓缩饲料和肉禽预混合饲料（5%肉大鸡）价格参考右侧刻度值

五、本月饲料和畜牧行业值得关注的情况

1. 猪饲料。5 月全国批发市场毛猪平均价格 21.24 元/千克，环比增长 3.4%，同比增长 55.7%。据农业部公布数据显示，2016 年 5 月生猪存栏量环比增长 0.4%，连续 3 个月增长；同比下降 2.9%，30 个月下降。其中，能繁母猪存栏量环比下降 0.3%，在 4 月首次出现上涨后再次下降；同比下降 3.6%，33 个月下降。同比下降幅度收窄，逐渐进入增长通道。目前，生猪存栏量仍然不足，外加区域性灾害天气影响，生猪价格继续上涨。本月全国商品猪平均养殖效益盈利 818.4 元/头，环比增长 13.1%。养殖效益继续扩大，提振了养殖户补栏积极性，饲料需求增加，猪饲料产量环比增长 6.9%，同比增长 5.4%。

2. 蛋禽饲料。5 月全国批发市场鸡蛋平均价格 7.23 元/千克，环比增长 0.5%，同比下降 2.3%。受端午节节前备货及猪肉价格高企的影响，鸡蛋价格上涨。本月商品鸡蛋月度平均盈利 0.63 元/千克。养殖效应盈利较好，提振了养殖户补栏积极性，饲料需求增加，蛋禽饲料环比增长 4.3%，同比增长 11.2%。

3. 肉禽饲料。5 月全国批发市场活鸡平均价格 18.71 元/千克，环比下降 3.9%，同比增长 13.9%。由于商品肉禽供应相对宽松，且夏季属于肉类产品消费淡季，活鸡价格下降。本月商品肉鸡下滑，但平均盈利仍有 1.84 元/只，环比保持大幅增长。养殖户盈利，补栏积极性增加，肉禽饲料产量环比增长 11.7%，同比增长 18.6%。

4. 水产饲料。5 月全国批发市场鲤鱼平均价格为 11.63 元/千克，环比增长 1.8%，同比下降 12.3%；草鱼平均价格为 12.61 元/千克，环比增长 3.1%，同比下降 1.4%；带鱼平均价格为 32.06 元/千克，环比增长 4.2%，同比增长 12.4%。由于端午节消费增加，加之猪肉价格高企，利于水产品消费，市场供应相对不足，价格上涨。另外，本月进入淡水鱼繁养期，饲料需求增加，水产饲料产量环比增长 59.7%，同比持平。

5. 反刍饲料。5 月全国批发市场牛肉平均价格为 52.81 元/千克，环比下降 0.9%，同比下降 2.1%；羊肉平均价格为 45.41 元/千克，环比下降 1.2%，同比下降 7.9%。夏季是牛羊肉消费淡季，加上进口产品冲击，价格持续下降。另外，由于玉米、豆粕等主要饲料原料价格与往年相比仍处于低位，饲料价格下降，养殖户对饲料需求增加，反刍饲料产量环比增长 6.8%，同比增长 12.2%。

2016 年 6 月全国饲料生产形势分析

一、基本生产情况

6 月，据农业部重点跟踪的 180 家饲料企业统计数据显示，饲料总产量同比增长 12.1%，环比增长 1.4%。从饲料品种看，猪饲料、蛋禽饲料、水产饲料、反刍饲料环比分别增长 5.1%、1.6%、12.6%、0.9%；肉禽饲料和其他饲料环比分别下降 5.1%、22.7%（图 1、图 2）。

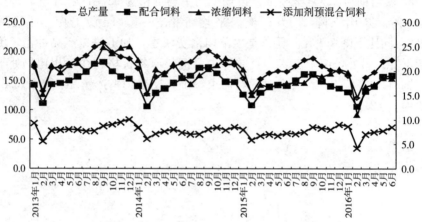

图 1　2013—2016 年 180 家饲料企业产量月度走势（万吨）

注：浓缩饲料和添加剂预混合饲料参考右侧刻度值

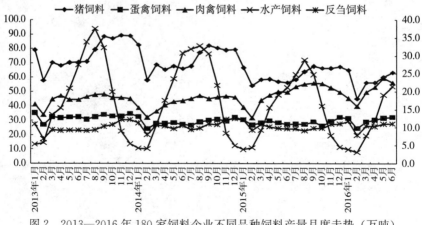

图 2　2013—2016 年 180 家饲料企业不同品种饲料产量月度走势（万吨）

注：水产饲料和反刍饲料参考右侧刻度值

二、不同规模企业情况

6 月不同规模企业环比情况：月产 1 万吨以上的企业产量环比增长 2.4%，月产 0.5 万~1 万吨的企业产量环比下降 3.2%，月产 0.5 万吨以下的企业产量环比增长 0.5%。

6 月不同规模企业同比情况：月产 1 万吨以上的企业产量同比增长 15.3%，月产 0.5 万~1 万吨的企业产量同比增长 1.9%，月产 0.5 万吨以下的企业产量同比增长 5.6%（图 3）。

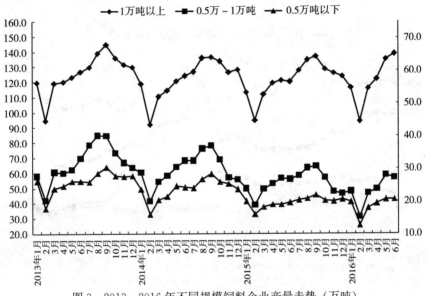

图 3　2013—2016 年不同规模饲料企业产量走势（万吨）

注：0.5 万~1 万吨和 0.5 万吨以下企业产量参考右侧刻度值

三、饲料原料采购价格情况

6 月主要饲料原料*价格环比中，玉米、豆粕、棉粕、菜粕、麦麸、进口鱼粉环比分别增长 3.2%、13.1%、11.4%、10.2%、12.2%、2.5%；磷酸氢钙、赖氨酸（98.5%）、赖氨酸（65%）环比分别增长 0.5%、11.2%、9.9%，蛋氨酸（固体）、蛋氨酸（液体）环比分别下降 3.4%、2.0%（表 1、表 2、图 4、图 5）。

---

* 主要饲料原料包括玉米、豆粕、棉粕、菜粕、麦麸、进口鱼粉、磷酸氢钙、98.5% 赖氨酸、65% 赖氨酸和固体、液体蛋氨酸。

表 1　饲料原料采购均价变化

单位：元/千克、%

项目	玉米	豆粕	棉粕	菜粕	麦麸	进口鱼粉
2016 年 6 月	1.96	3.27	2.83	2.27	1.38	13.32
环比	3.2	13.1	11.4	10.2	12.2	2.5
同比	−19.3	9.7	1.4	2.7	−2.1	−3.0
2016 年 1～6 月累计均价	1.96	2.83	2.61	2.03	1.27	12.74
累计同比	−18.3	−14.0	−9.7	−12.9	−24.0	−13.6

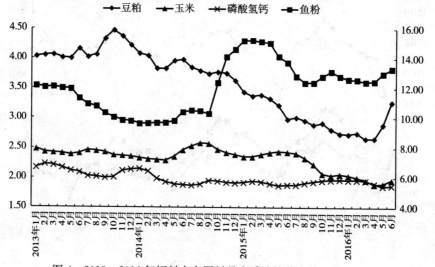

图 4　2013—2016 年饲料大宗原料月度采购均价走势（元/千克）

注：鱼粉价格参考右侧刻度值

表 2　饲料添加剂采购均价变化

单位：元/千克、%

项目	磷酸氢钙	赖氨酸 （98.5%）	赖氨酸 （65%）	蛋氨酸 （固体）	蛋氨酸 （液体）
2016 年 6 月	1.87	8.72	5.24	30.30	24.70
环比	0.5	11.2	9.9	−3.4	−2.0
同比	−0.5	5.1	2.1	−29.6	−29.5
2016 年 1～6 月累计均价	1.92	7.87	4.81	31.81	25.28
累计同比	0.5	−7.8	−9.8	−30.4	−30.5

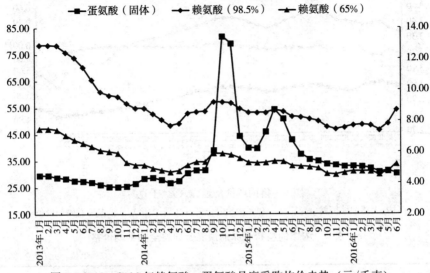

图 5　2013—2016 年赖氨酸、蛋氨酸月度采购均价走势（元/千克）

注：赖氨酸（98.5%）和赖氨酸（65%）价格参考右侧刻度值

四、饲料产品价格情况

6 月，各饲料产品价格环比中，猪、蛋禽、肉禽、水产配合饲料价格环比分别增长 1.0%、1.1%、1.0%、2.1%；猪、蛋禽、肉禽浓缩饲料价格环比分别增长 0.8%、1.1%、1.0%；猪添加剂预混合饲料环比持平，蛋禽、肉禽添加剂预混合饲料价格环比分别增长 0.4%、1.6%（表 3、表 4、图 6、图 7、图 8）。

表 3　配合饲料全国平均价格

单位：元/千克、%

项目	配合饲料			
	育肥猪	蛋鸡高峰	肉大鸡	鲤鱼成鱼
2016 年 6 月	3.07	2.86	3.08	3.98
环比	1.0	1.1	1.0	2.1
同比	−7.0	−6.8	−7.2	−3.9
2016 年 1~6 月累计均价	3.07	2.84	3.09	3.97
累计同比	−7.8	−8.7	−7.8	−4.6

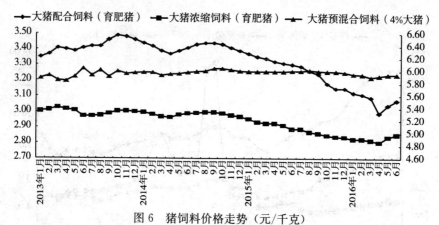

图 6　猪饲料价格走势（元/千克）

注：大猪浓缩饲料（育肥猪）和大猪预混合饲料（4％大猪）价格参考右侧刻度值

表 4　浓缩饲料和添加剂预混合饲料全国平均价格

单位：元/千克、％

项目	浓缩饲料			添加剂预混合饲料		
	育肥猪	蛋鸡高峰	肉大鸡	4％大猪	5％蛋鸡高峰	5％肉大鸡
2016 年 6 月	4.98	3.75	4.17	5.94	5.37	5.88
环比	0.8	1.1	1.0	0.0	0.4	1.6
同比	−1.8	−2.3	−1.4	−1.0	1.3	1.9
2016 年 1～6 月 累计均价	4.92	3.71	4.13	5.93	5.28	5.81
累计同比	−4.7	−5.6	−3.7	−1.0	−0.9	0.5

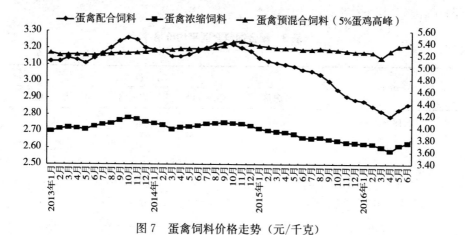

图 7　蛋禽饲料价格走势（元/千克）

注：蛋禽浓缩饲料和蛋禽预混合饲料（5％蛋鸡高峰）价格参考右侧刻度值

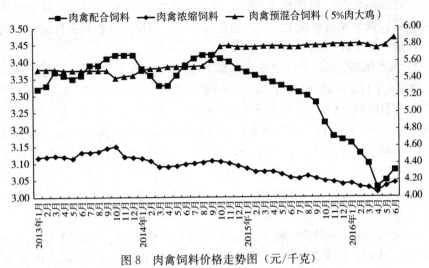

图 8　肉禽饲料价格走势图（元/千克）

注：肉禽浓缩饲料和肉禽预混合饲料（5%肉大鸡）价格参考右侧刻度值

五、本月饲料和畜牧行业值得关注的情况

1. 猪饲料。6 月全国批发市场毛猪平均 21.22 元/千克，环比下降 0.1%，同比增长 37.8%。据农业部公布数据显示，2016 年 6 月生猪存栏环比增长 0.7%，连续 4 个月增长；同比下降 2.1%，31 个月下降。其中，能繁母猪存栏环比持平，5 月下降后再现持平；同比下降 3.4%，34 个月下降。同比下降幅度收窄，逐渐进入增长通道。夏季肉类消费缩减，生猪收购量下降，且生猪体重较大，屠宰企业压价明显，加上部分地区储备肉投放，价格下跌。本月主要饲料原料价格继续上涨，养殖效益收窄，但仍处于高盈利区。全国商品猪标准体重（100 千克）月平均养殖效益盈利 774.75 元/头，环比下降 5.34%。养殖户补栏积极性不减，饲料需求增加。猪饲料产量环比增长 5.1%，同比增长 12.4%。

2. 蛋禽饲料。6 月全国批发市场鸡蛋平均价格 7.15 元/千克，环比下降 1.1%，同比下降 1.7%。夏季蛋品消费量下降，加之鸡蛋供应较宽松，价格小幅下跌。同时，受主要饲料原料价格上涨影响，商品鸡蛋月度平均盈利 0.04 元/千克，养殖效益环比大幅下跌。在养殖效益明显萎缩，蛋禽产蛋率降低影响下，养殖户补栏积极性减弱，淘汰量增加，饲料需求增速放缓，蛋禽饲料环比增长 1.6%，同比增长 17.5%。

3. 肉禽饲料。6 月全国批发市场活鸡平均价格 19.21 元/千克，环比增长 2.7%，同比增长 19.5%。适合出栏鸡只供应偏紧状况下，活鸡价格小幅上升。本月商品肉鸡平均盈利 1.66 元/只，收益环比下降 9.46%。由于商品代肉雏鸡苗、饲料原料价格上涨，养殖效益收窄，养殖户补栏积极性减弱，肉禽饲料产量环比下降 5.1%，同比增长 13.5%。

4. 水产饲料。6 月全国批发市场鲤鱼平均价格为 11.88 元/千克，环比增长 2.1%，同比下降 9.7%；草鱼平均价格为 12.91 元/千克，环比增长 2.4%，同比增长 4.4%；带鱼平均价格为 30.68 元/千克，环比下降 4.3%，同比增长 3.8%。目前，常规淡水产品尚处于养殖阶段，南方、北方部分地区洪涝干旱对水产养殖产生较大影响，市场供应相对不足。同时，猪价依然高企，居民消费水产品意向较强，主要淡水产品价格上涨。本月水产养殖市场养殖量继续扩大，饲料需求增加，水产饲料产量环比增长 12.6%，同比增长 1.4%。

5. 反刍饲料。6 月全国批发市场牛肉平均价格为 52.72 元/千克，环比下降 0.2%，同比下降 2.0%；羊肉平均价格为 45.37 元/千克，环比下降 0.1%，同比下降 6.5%。由于气温升高，肉类消费进入淡季，且受进口牛羊肉冲击，价格持续下跌。随着反刍养殖由游牧放养逐渐转变为规模化养殖，反刍饲料需求不断增加。本月，受饲料原料价格不断上涨影响，饲料需求增长放缓。反刍饲料产量环比增长 0.9%，同比增长 14.4%。

2016 年 7 月全国饲料生产形势分析

一、基本生产情况

7 月，据农业部重点跟踪的 180 家饲料企业统计数据显示，饲料总产量同比下降 1.5%，环比下降 7.0%。从饲料品种看，猪饲料、蛋禽饲料、肉禽饲料、反刍饲料、其他饲料环比分别下降 8.4%、9.9%、4.8%、15.3%、17.6%，水产饲料环比增长 0.9%（图 1、图 2）。

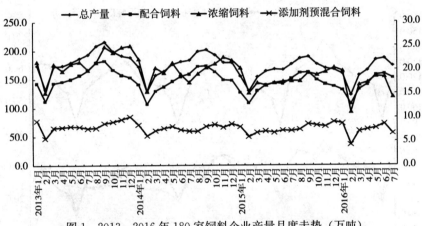

图 1 2013—2016 年 180 家饲料企业产量月度走势（万吨）

注：浓缩饲料和添加剂预混合饲料参考右侧刻度值

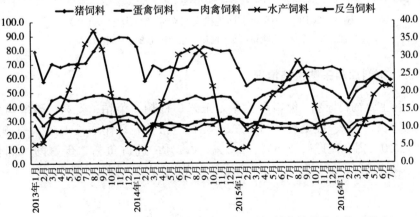

图 2 2013—2016 年 180 家饲料企业不同品种饲料产量月度走势（万吨）

注：水产饲料和反刍饲料参考右侧刻度值

二、不同规模企业情况

7月不同规模企业环比情况：月产1万吨以上的企业产量环比下降4.3%，月产0.5万～1万吨的企业产量环比下降11.4%，月产0.5万吨以下的企业产量环比下降16.5%。

7月不同规模企业同比情况：月产1万吨以上的企业产量同比增长1.1%，月产0.5万～1万吨的企业产量同比下降8.2%，月产0.5万吨以下的企业产量同比下降8.0%（图3）。

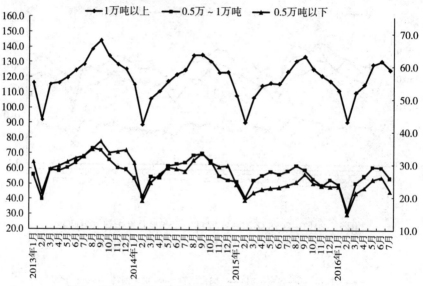

图3   2013—2016年不同规模饲料企业产量走势（万吨）

注：0.5万～1万吨和0.5万吨以下企业产量参考右侧刻度值

三、饲料原料采购价格情况

7月主要饲料原料*价格环比中，玉米、棉粕、菜粕、麦麸、磷酸氢钙、赖氨酸（98.5%）、赖氨酸（65%）、蛋氨酸（液体）环比增长1.0%、4.9%、6.2%、10.1%、1.1%、2.6%、2.1%、0.2%；进口鱼粉、蛋氨酸（固体）环比下降1.5%、2.1%；豆粕环比持平（表1、表2、图4、图5）。

---

* 主要饲料原料包括玉米、豆粕、棉粕、菜粕、麦麸、进口鱼粉、磷酸氢钙、98.5%赖氨酸、65%赖氨酸和固体、液体蛋氨酸。

表 1　饲料原料采购均价变化

单位：元/千克、%

项目	玉米	豆粕	棉粕	菜粕	麦麸	进口鱼粉
2016 年 7 月	1.98	3.27	2.97	2.41	1.52	13.12
环比	1.0	0.0	4.9	6.2	10.1	−1.5
同比	−17.8	8.6	6.1	9.0	0.7	2.4
2016 年 1~7 月累计均价	1.96	2.90	2.66	2.09	1.30	12.79
累计同比	−18.3	−10.8	−7.3	−9.9	−20.7	−11.6

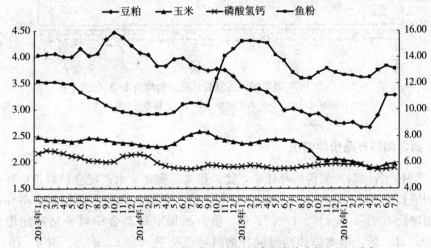

图 4　2013—2016 年饲料大宗原料月度采购均价走势（元/千克）

注：鱼粉价格参考右侧刻度值

表 2　饲料添加剂采购均价变化

单位：元/千克、%

项目	磷酸氢钙	赖氨酸 （98.5%）	赖氨酸 （65%）	蛋氨酸 （固体）	蛋氨酸 （液体）
2016 年 7 月	1.89	8.95	5.35	29.67	24.76
环比	1.1	2.6	2.1	−2.1	0.2
同比	0.5	8.5	5.1	−21.2	−17.4
2016 年 1~7 月累计均价	1.91	8.02	4.89	31.51	25.20
累计同比	0.5	−5.6	−7.7	−29.3	−28.9

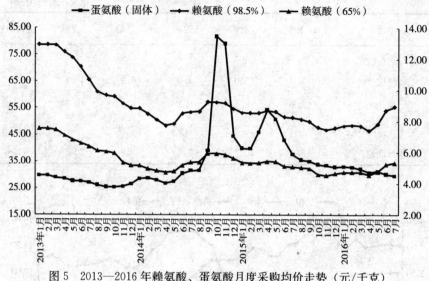

图 5 2013—2016 年赖氨酸、蛋氨酸月度采购均价走势（元/千克）

注：赖氨酸（98.5%）和赖氨酸（65%）价格参考右侧刻度值

四、饲料产品价格情况

7月，各饲料产品价格环比中，猪、蛋禽、肉禽、水产配合饲料价格环比分别增长 1.0%、1.4%、1.3%、1.8%；猪、蛋禽、肉禽浓缩饲料价格环比分别增长 1.6%、0.3%、1.2%；猪、蛋禽添加剂预混合饲料价格环比增长 1.7%、1.5%，肉禽添加剂预混合饲料环比持平（表3、表4、图6、图7、图8）。

表 3 配合饲料全国平均价格

单位：元/千克、%

项目	配合饲料			
	育肥猪	蛋鸡高峰	肉大鸡	鲤鱼成鱼
2016 年 7 月	3.10	2.90	3.12	4.05
环比	1.0	1.4	1.3	1.8
同比	−5.8	−5.2	−5.7	−1.9
2016 年 1~7 月累计均价	3.07	2.85	3.10	3.98
累计同比	−7.8	−8.1	−7.2	−4.1

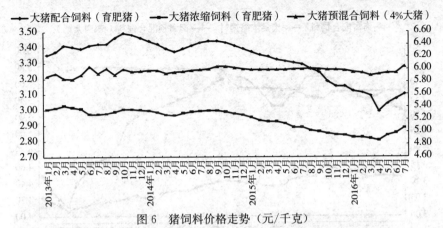

图 6 猪饲料价格走势（元/千克）

注：大猪浓缩饲料（育肥猪）和大猪预混合饲料（4%大猪）价格参考右侧刻度值

表 4 浓缩饲料和添加剂预混合饲料全国平均价格

单位：元/千克、%

项目	浓缩饲料			添加剂预混合饲料		
	育肥猪	蛋鸡高峰	肉大鸡	4％大猪	5％蛋鸡高峰	5％肉大鸡
2016 年 7 月	5.06	3.76	4.22	6.04	5.45	5.88
环比	1.6	0.3	1.2	1.7	1.5	0.0
同比	−0.2	−1.8	0.0	0.7	2.8	1.9
2016 年 1～7 月 累计均价	4.94	3.71	4.14	5.95	5.30	5.82
累计同比	−3.9	−5.1	−3.3	−0.7	−0.4	0.9

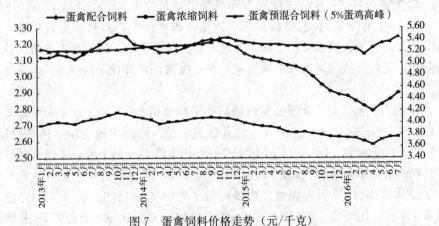

图 7 蛋禽饲料价格走势（元/千克）

注：蛋禽浓缩饲料和蛋禽预混合饲料（5％蛋鸡高峰）价格参考右侧刻度值

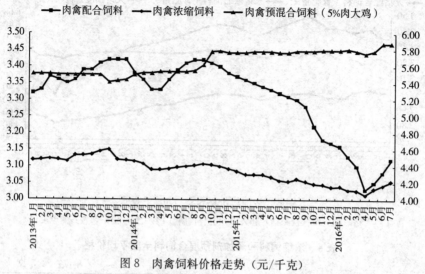

图 8　肉禽饲料价格走势（元/千克）

注：肉禽浓缩饲料和肉禽预混合饲料（5％肉大鸡）价格参考右侧刻度值

五、本月饲料和畜牧行业值得关注的情况

1. 猪饲料。7月全国批发市场毛猪平均 20.23 元/千克，环比下降 4.7％，同比增长 21.0％。受南方、北方暴雨洪涝和南方高温天气影响，生猪出栏积极，并有提前出栏现象，屠宰企业收购无压力，加上进口猪肉集中到岸，而消费无起色，猪价下跌，养殖效益萎缩，养殖户补栏积极性下降，饲料需求减少。本月猪饲料产量环比下降 8.4％，同比下降 0.5％。

2. 蛋禽饲料。7月全国批发市场鸡蛋平均价格 6.93 元/千克，环比下降 3.1％，同比下降 5.3％。高温天气鸡蛋储存难度加大，养殖户出货积极，但需求疲软，走货较慢，价格下跌，养殖户补栏热情下调，同时暴雨洪涝部分鸡场受损，蛋禽养殖市场出现缩减迹象，本月蛋禽饲料环比下降 9.9％，同比增长 5.5％。

3. 肉禽饲料。7月全国批发市场活鸡平均价格 19.23 元/千克，环比增长 0.1％，同比增长 17.0％。南方、北方暴雨洪涝，局部交通受阻，出栏受限，整体鸡源供应偏紧，活鸡价格小幅上升。而肉禽产品价格上涨，未能带动养殖户补栏热情，本月肉禽饲料产量环比下降 4.8％，同比增长 0.2％。

4. 水产饲料。7月全国批发市场鲤鱼平均价格为 11.83 元/千克，环比下降 0.4％，同比下降 11.5％；草鱼平均价格为 13.14 元/千克，环比增长 1.8％，同比增长 4.5％；带鱼平均价格为 31.57 元/千克，环比增长 2.9％，同比增长 11.6%。南方、北方暴雨洪涝淡水养殖受损，近海休渔期尚未结束，市场供应趋紧，价格上涨。本月水产养殖总量继续扩大，但受暴雨和强台风影响，饲料需求放缓，水产饲料产量环比增长 0.9%，同比下降 12.6%。

　　5. 反刍饲料。7 月全国批发市场牛肉平均价格为 52.88 元/千克，环比增长 0.3%，同比下降 1.9%；羊肉平均价格为 44.85 元/千克，环比下降 1.1%，同比下降 6.3%。本月反刍市场依旧无起色，牛肉受进口冲击，羊肉产能过剩和进口并存，国内需求不振，价格走跌。同时，全球奶业产能过剩局面持续，国产奶拒收、倒奶时有发生，奶农亏损有扩大趋势，奶牛养殖发展受阻，饲料增长凸显乏力，并有下降趋势。本月反刍饲料产量环比下降 15.3%，同比下降 3.1%。

2016 年 8 月全国饲料生产形势分析

一、基本生产情况

8 月，据农业部重点跟踪的 180 家饲料企业统计数据显示，饲料总产量同比增长 0.4％，环比增长 8.0％。从饲料品种看，猪饲料、蛋禽饲料、肉禽饲料、水产饲料、其他饲料环比分别增长 10.0％、3.1％、6.5％、16.2％、7.1％，反刍饲料环比下降 1.1％（图 1、图 2）。

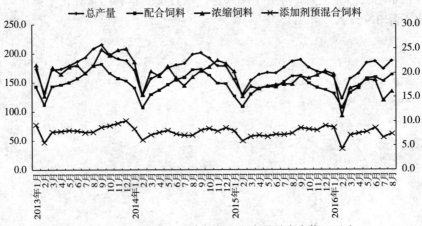

图 1   2013—2016 年 180 家饲料企业产量月度走势（万吨）

注：浓缩饲料和添加剂预混合饲料参考右侧刻度值

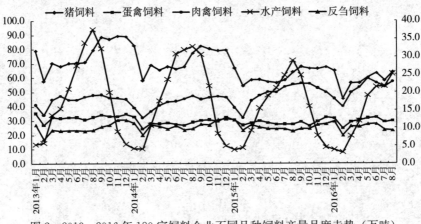

图 2   2013—2016 年 180 家饲料企业不同品种饲料产量月度走势（万吨）

注：水产饲料和反刍饲料参考右侧刻度值

二、不同规模企业情况

8月不同规模企业环比情况：月产 1 万吨以上的企业产量环比增长 7.7％，月产 0.5 万～1 万吨的企业产量环比增长 11.8％，月产 0.5 万吨以下的企业产量环比增长 6.6％。

8月不同规模企业同比情况：月产 1 万吨以上的企业产量同比增长 2.2％，月产 0.5 万～1 万吨的企业产量同比下降 4.1％，月产 0.5 万吨以下的企业产量同比下降 3.7％（图 3）。

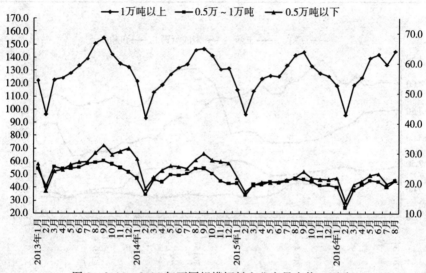

图 3　2013—2016 年不同规模饲料企业产量走势（万吨）
注：0.5 万～1 万吨和 0.5 万吨以下企业产量参考右侧刻度值

三、饲料原料采购价格情况

8月，主要饲料原料*和饲料添加剂价格环比均呈现小幅度下降，同比有增有降。其中，麦麸环比降幅最大，下降 5.9％，其次是蛋氨酸（固体）、蛋氨酸（液体）环比分别下降 4.1％、3.2％；同比中，蛋氨酸（固体）和玉米同比降幅最大，分别为 20.1％和 15.5％（表 1、表 2、图 4、图 5）。

---

* 主要饲料原料包括玉米、豆粕、棉粕、菜粕、麦麸、进口鱼粉、磷酸氢钙、98.5％赖氨酸、65％赖氨酸和固体、液体蛋氨酸。

表 1   饲料原料采购均价变化

单位：元/千克、%

项目	玉米	豆粕	棉粕	菜粕	麦麸	进口鱼粉
2016 年 8 月	1.97	3.22	2.96	2.39	1.43	12.93
环比	−0.5	−1.5	−0.3	−0.8	−5.9	−1.4
同比	−15.5	8.8	4.6	9.1	−1.4	4.4
2016 年 1~8 月累计均价	1.96	2.93	2.70	2.13	1.32	12.81
累计同比	−18.0	−8.7	−5.9	−7.4	−18.5	−9.9

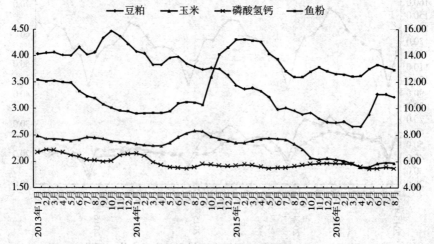

图 4   2013—2016 年饲料大宗原料月度采购均价走势（元/千克）

注：鱼粉价格参考右侧刻度值

表 2   饲料添加剂采购均价变化

单位：元/千克、%

项目	磷酸氢钙	赖氨酸（98.5%）	赖氨酸（65%）	蛋氨酸（固体）	蛋氨酸（液体）
2016 年 8 月	1.87	8.89	5.31	28.46	23.98
环比	−1.1	−0.7	−0.7	−4.1	−3.2
同比	−2.1	9.2	5.4	−20.1	−10.7
2016 年 1~8 月累计均价	1.91	8.13	4.94	31.13	25.05
累计同比	0.5	−3.9	−6.1	−28.3	−27.1

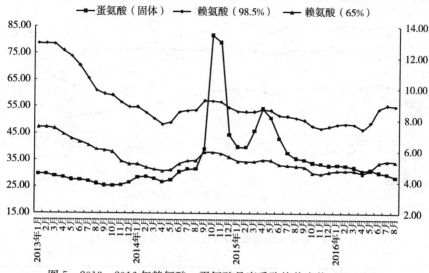

图5 2013—2016年赖氨酸、蛋氨酸月度采购均价走势（元/千克）

注：赖氨酸（98.5%）和赖氨酸（65%）价格参考右侧刻度值

四、饲料产品价格情况

8月，各饲料产品价格环比中，猪、蛋禽、肉禽、水产配合饲料价格环比分别下降0.3%、1.4%、0.3%、0.2%；猪、蛋禽、肉禽浓缩饲料价格环比分别下降0.4%、0.8%、0.2%；猪、蛋禽添加剂预混合饲料价格环比增长1.5%、0.2%，肉禽添加剂预混合饲料环比持平（表3、表4、图6、图7、图8）。

表3 配合饲料全国平均价格

单位：元/千克、%

项目	配合饲料			
	育肥猪	蛋鸡高峰	肉大鸡	鲤鱼成鱼
2016年8月	3.09	2.86	3.11	4.04
环比	−0.3	−1.4	−0.3	−0.2
同比	−5.2	−5.9	−5.8	−1.5
2016年1~8月累计均价	3.08	2.85	3.10	3.99
累计同比	−7.2	−7.8	−7.2	−3.9

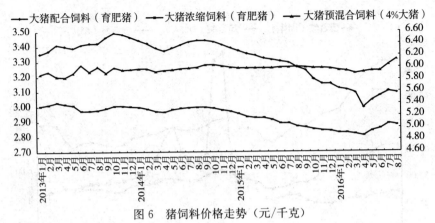

图 6   猪饲料价格走势（元/千克）

注：大猪浓缩饲料（育肥猪）和大猪预混合饲料（4%大猪）价格参考右侧刻度值

表 4   浓缩饲料和添加剂预混合饲料全国平均价格

单位：元/千克、%

项目	浓缩饲料			添加剂预混合饲料		
	育肥猪	蛋鸡高峰	肉大鸡	4%大猪	5%蛋鸡高峰	5%肉大鸡
2016 年 8 月	5.04	3.73	4.21	6.13	5.46	5.88
环比	−0.4	−0.8	−0.2	1.5	0.2	0.0
同比	0.4	−2.9	−0.9	2.0	2.8	1.6
2016 年 1～8 月累计均价	4.95	3.72	4.15	5.97	5.32	5.82
累计同比	−3.5	−4.6	−3.0	−0.5	0.0	0.7

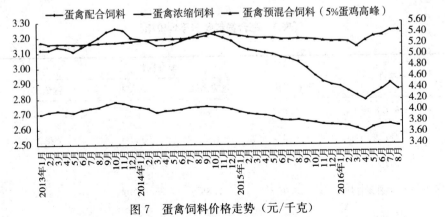

图 7   蛋禽饲料价格走势（元/千克）

注：蛋禽浓缩饲料和蛋禽预混合饲料（5%蛋鸡高峰）价格参考右侧刻度值

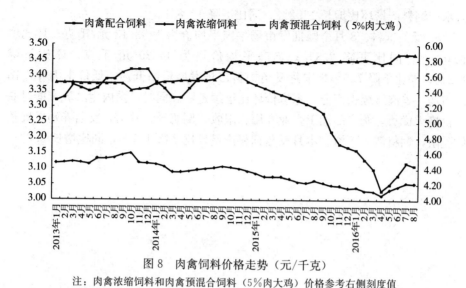

图 8　肉禽饲料价格走势（元/千克）

注：肉禽浓缩饲料和肉禽预混合饲料（5%肉大鸡）价格参考右侧刻度值

五、本月饲料和畜牧行业值得关注的情况

1. 猪饲料。8 月全国批发市场毛猪平均 19.33 元/千克，环比下降 4.4%，同比增长 4.7%。受 6、7 月生猪集中和提前出栏影响，可出栏猪源偏紧，月初猪价回暖反弹，但终端整体需求没有明显提量，月中回调趋稳，月度环比继续下跌。随着灾后恢复生产，本月饲料需求有所改善，猪饲料产量环比增长 10.0%，同比持平。

2. 蛋禽饲料。8 月全国批发市场鸡蛋平均价格 7.31 元/千克，环比增加 5.5%，同比下降 15.8%。夏季高温，蛋鸡产蛋量下降，加上企业生产备货，整体需求增加，月度均价环比大幅上涨。蛋价上涨，提振了养殖户补栏积极性，饲料需求增加。本月蛋禽饲料环比上涨 3.1%，同比增长 9.1%。

3. 肉禽饲料。8 月全国批发市场活鸡平均价格 20.39 元/千克，环比增长 6.0%，同比增长 18.7%。节日备货和集中消费增加，整体需求有所改善，加之鸡源供应稍偏紧，月度活鸡均价上涨。肉禽养殖效益好，带动养殖户补栏积极性，本月肉禽饲料产量环比增长 6.5%，同比增长 3.6%。

4. 水产饲料。8 月全国批发市场鲤鱼平均价格 11.42 元/千克，环比下降 3.5%，同比下降 10.8%；草鱼平均价格 13.08 元/千克，环比下降 0.5%，同比增长 9.5%；带鱼平均价格 32.10 元/千克，环比增长 1.7%，同比增长 8.6%。近海休渔期陆续结束，受海产品冲击影响，淡水产品月度均价环比下跌。随着南方洪涝灾害告一段落，水产养殖逐步恢复，饲料需求大幅增加，本月水产饲料产量环比增长 16.2%，同比下降 12.8%。

　　5. 反刍饲料。8 月全国批发市场牛肉平均价格为 53.13 元/千克，环比增长 0.5%，同比下降 2.3%；羊肉平均价格为 44.29 元/千克，环比下降 1.2%，同比下降 7.9%。本月反刍饲料市场发展依旧低迷，低价牛肉冲击国内市场，羊肉继续去产能，零售价环比继续走跌。同时，国内生鲜乳产能过剩且价格无优势，奶产品加工企业弃用、限收，倒奶导致亏损，反刍养殖发展整体受阻，饲料需求下滑。本月反刍饲料产量环比下降 1.1%，同比增长 2.2%。

2016 年 9 月全国饲料生产形势分析

一、基本生产情况

9 月，据农业部重点跟踪的 180 家饲料企业统计数据显示，饲料总产量同比增长 3.1%，环比增长 4.2%。从饲料品种看，猪饲料、蛋禽饲料、肉禽饲料、反刍饲料、其他饲料环比分别增长 9.1%、7.7%、0.5%、9.7%、26.7%，水产饲料环比下降 7.2%（图 1、图 2）。

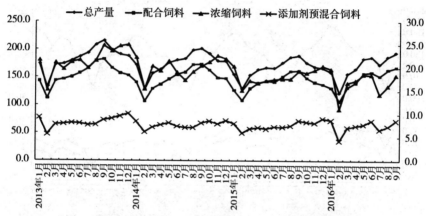

图 1　2013—2016 年 180 家饲料企业产量月度走势（万吨）

注：浓缩饲料和添加剂预混合饲料参考右侧刻度值

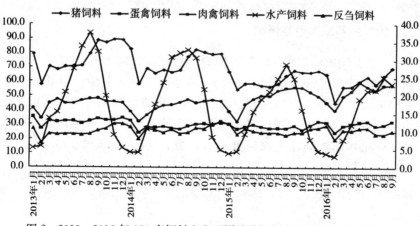

图 2　2013—2016 年 180 家饲料企业不同品种饲料产量月度走势（万吨）

注：水产饲料和反刍饲料参考右侧刻度值

二、不同规模企业情况

9月不同规模企业环比情况：月产1万吨以上的企业产量环比增长3.9%，月产0.5万~1万吨的企业产量环比增长6.0%，月产0.5万吨以下的企业产量环比增长4.5%。

9月不同规模企业同比情况：月产1万吨以上的企业产量同比增长4.7%，月产0.5万~1万吨的企业产量同比增加1.3%，月产0.5万吨以下的企业产量同比下降5.7%（图3）。

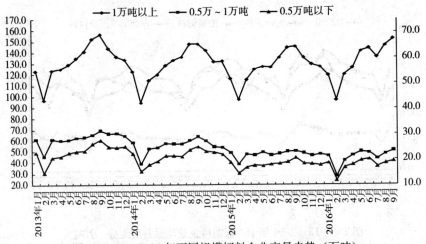

图3　2013—2016年不同规模饲料企业产量走势（万吨）

注：0.5万~1万吨和0.5万吨以下企业产量参考右侧刻度值

三、饲料原料采购价格情况

9月，主要饲料原料*和饲料添加剂价格同比、环比有增有降。环比中，除豆粕环比增长1.2%外，其他品种均呈现小幅下降，其中，蛋氨酸（固体）环比降幅最大，下降3.2%，蛋氨酸（液体）和进口鱼粉环比均下降2.9%。同比中，蛋氨酸（固体）同比降幅最大，下降21.5%，玉米同比下降达到13.0%，豆粕和棉粕同比上涨幅度最大，分别上涨12.8%、10.7%（表1、表2、图4、图5）。

---

* 主要饲料原料包括玉米、豆粕、棉粕、菜粕、麦麸、进口鱼粉、磷酸氢钙、98.5%赖氨酸、65%赖氨酸和固体、液体蛋氨酸。

表1 饲料原料采购均价变化

单位：元/千克、%

项目	玉米	豆粕	棉粕	菜粕	麦麸	进口鱼粉
2016年9月	1.94	3.26	2.93	2.38	1.41	12.55
环比	−1.5	1.2	−1.0	−0.4	−1.4	−2.9
同比	−13.0	12.8	3.2	10.7	2.2	1.3
2016年1～9月累计均价	1.96	2.97	2.72	2.15	1.33	12.78
累计同比	−17.3	−6.6	−5.2	−5.7	−16.4	−8.7

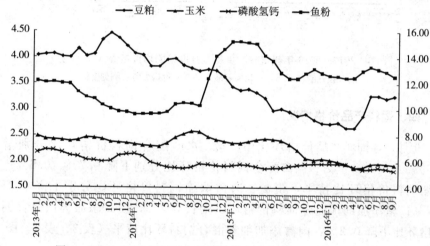

图4 2013—2016年饲料大宗原料月度采购均价走势（元/千克）

注：鱼粉价格参考右侧刻度值

表2 饲料添加剂采购均价变化

单位：元/千克、%

项目	磷酸氢钙	赖氨酸（98.5%）	赖氨酸（65%）	蛋氨酸（固体）	蛋氨酸（液体）
2016年9月	1.84	8.72	5.27	27.54	23.28
环比	−1.6	−1.9	−0.8	−3.2	−2.9
同比	−4.7	9.0	5.8	−21.5	−12.1
2016年1～9月累计均价	1.90	8.19	4.98	30.73	24.85
累计同比	−0.5	−2.6	−4.8	−27.7	−25.8

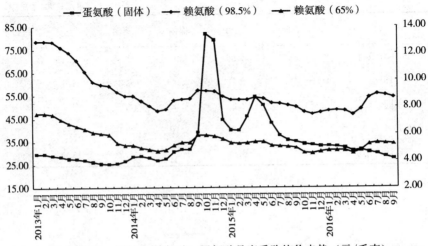

图 5　2013—2016 年赖氨酸、蛋氨酸月度采购均价走势（元/千克）

注：赖氨酸（98.5%）和赖氨酸（65%）价格参考右侧刻度值

四、饲料产品价格情况

9月，各饲料产品价格环比中，猪、水产配合饲料价格环比分别增长 0.3%、0.2%，蛋禽、肉禽配合饲料价格环比分别下降 0.7%、0.6%；猪浓缩饲料价格环比持平，蛋禽、肉禽浓缩饲料价格环比分别下降 0.3%、0.7%；猪添加剂预混合饲料价格环比增长 0.7%，蛋禽添加剂预混合饲料价格环比下降 0.2%，肉禽添加剂预混合饲料环比持平（表3、表4、图6、图7、图8）。

表 3　配合饲料全国平均价格

单位：元/千克、%

项目	配合饲料			
	育肥猪	蛋鸡高峰	肉大鸡	鲤鱼成鱼
2016 年 9 月	3.10	2.84	3.09	4.05
环比	0.3	−0.7	−0.6	0.2
同比	−4.3	−5.3	−5.8	−0.7
2016 年 1～9 月累计均价	3.08	2.85	3.10	3.99
累计同比	−6.9	−7.5	−6.9	−3.6

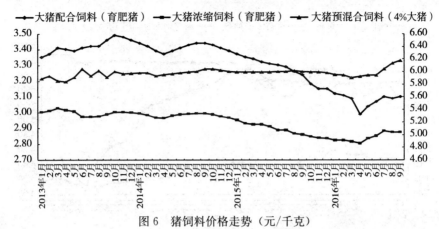

图6　猪饲料价格走势（元/千克）

注：大猪浓缩饲料（育肥猪）和大猪预混合饲料（4％大猪）价格参考右侧刻度值

表4　浓缩饲料和添加剂预混合饲料全国平均价格

单位：元/千克、％

项目	浓缩饲料			添加剂预混合饲料		
	育肥猪	蛋鸡高峰	肉大鸡	4％大猪	5％蛋鸡高峰	5％肉大鸡
2016年9月	5.04	3.72	4.18	6.17	5.45	5.88
环比	0.0	−0.3	−0.7	0.7	−0.2	0.0
同比	0.8	−2.4	−0.9	2.8	2.8	1.6
2016年1～9月累计均价	4.96	3.72	4.15	5.99	5.34	5.83
累计同比	−2.9	−4.4	−2.8	−0.2	0.4	0.9

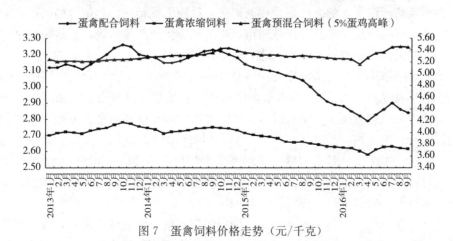

图7　蛋禽饲料价格走势（元/千克）

注：蛋禽浓缩饲料和蛋禽预混合饲料（5％蛋鸡高峰）价格参考右侧刻度值

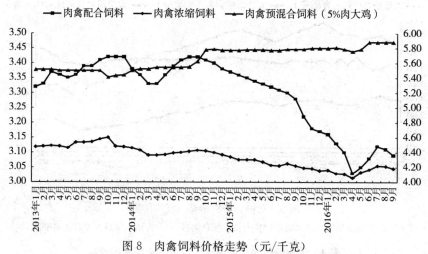

图 8   肉禽饲料价格走势（元/千克）

注：肉禽浓缩饲料和肉禽预混合饲料（5%肉大鸡）价格参考右侧刻度值

五、本月饲料和畜牧行业值得关注的情况

1. 猪饲料。9 月全国批发市场毛猪平均 18.59 元/千克，环比下降 3.8%，同比下降 1.1%。节日消费推动有限，同时，节前集中出栏，供应相对过剩，猪价走跌，回调至上年同期水平。本月生猪养殖效益继续下降，但依然保持盈利，饲料需求有所提量，猪饲料产量环比增长 9.1%，同比上涨 3.1%。

2. 蛋禽饲料。9 月全国批发市场鸡蛋平均价格 8.20 元/千克，环比增长 12.2%，同比下降 9.9%。9 月，节前消费有所提量，鸡蛋价格上涨；节后阶段性消费高峰结束，加之产蛋量逐渐提高，供应由紧转松，鸡蛋价格回落，但月度环比保持增长。本月蛋禽养殖市场进入秋季生产旺季阶段，蛋禽采食量增长，饲料需求环比增长 7.7%，同比增长 10.7%。

3. 肉禽饲料。9 月全国批发市场活鸡平均价格 19.56 元/千克，环比下降 4.1%，同比增长 12.9%。随着节前阶段性消费结束，终端市场需求减少，鸡肉产品走货速度放缓，价格持续走弱。本月肉禽养殖效益收窄，养殖户补栏积极性下降，肉禽饲料产量环比增长 0.5%，同比增长 2.9%。

4. 水产饲料。9 月全国批发市场鲤鱼平均价格为 11.56 元/千克，环比增长 1.2%，同比下降 8.7%；草鱼平均价格为 13.03 元/千克，环比下降 0.4%，同比增长 6.6%；带鱼平均价格为 32.64 元/千克，环比增长 1.7%，同比增长 13.2%。9 月，淡水产品出塘量增加，整体供应较为宽松，月度均价环比下跌。本月水产养殖旺季逐渐结束，整体投苗量下降，饲料需求环比下降

7.2%，同比下降5.7%。

5.反刍饲料。9月全国批发市场牛肉平均价格为53.26元/千克，环比增长0.2%，同比下降0.9%；羊肉平均价格为43.75元/千克，环比下降1.2%，同比下降8.1%。本月反刍市场发展总体平稳，在节前消费提振下，牛肉小幅上涨；羊肉总体依旧过剩，价格环比继续走跌；同时，奶加工进入生产旺季，原奶收购价格适度上涨，拒收、倒奶有所缓和。本月奶牛养殖进入旺季，饲料需求环比上涨9.7%，同比增长4.1%。

2016 年 10 月全国饲料生产形势分析

一、基本生产情况

10 月，据农业部重点跟踪的 180 家饲料企业统计数据显示，饲料总产量同比增长 8.9%，环比下降 1.7%。从饲料品种看，猪饲料、肉禽饲料、反刍饲料环比分别增长 0.4%、9.6%、8.8%，蛋禽饲料、水产饲料、其他饲料环比下降 0.6%、42.1%、5.3%（图 1、图 2）。

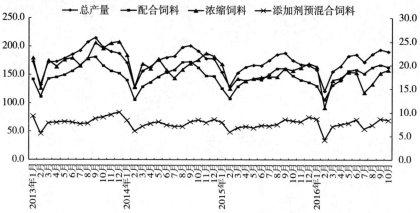

图 1　2013—2016 年 180 家饲料企业产量月度走势（万吨）

注：浓缩饲料和添加剂预混合饲料参考右侧刻度值

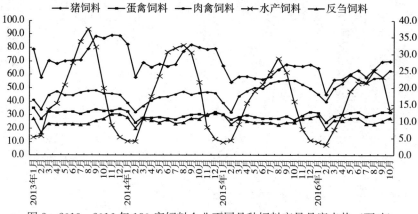

图 2　2013—2016 年 180 家饲料企业不同品种饲料产量月度走势（万吨）

注：水产饲料和反刍饲料参考右侧刻度值

二、不同规模企业情况

10月不同规模企业环比情况：月产1万吨以上的企业产量环比增长2.4%，月产0.5万~1万吨的企业产量环比下降14.8%，月产0.5万吨以下的企业产量环比下降8.6%。

10月不同规模企业同比情况：月产1万吨以上的企业产量同比增长12.7%，月产0.5万~1万吨的企业产量同比下降1.8%，月产0.5万吨以下的企业产量同比增长0.5%（图3）。

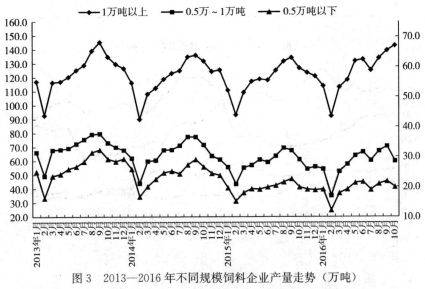

图3　2013—2016年不同规模饲料企业产量走势（万吨）
注：0.5万~1万吨和0.5万吨以下企业产量参考右侧刻度值

三、饲料原料采购价格情况

10月，主要饲料原料*和饲料添加剂价格同比、环比有增有降。环比中，除豆粕、麦麸环比分别增长2.5%、6.4%，菜粕环比持平外，其他品种均呈现小幅下降，其中，赖氨酸（65%）环比降幅最大，下降4.6%，赖氨酸（98.5%）和进口鱼粉环比均下降4.5%；同比中，蛋氨酸（固）同比降幅最大，下降22.2%，蛋氨酸（液）、玉米同比分别下降14.3%、7.7%，豆粕和菜粕同比上涨幅度最大，分别上涨14.4%、12.3%（表1、表2、图4、图5）。

---

* 主要饲料原料包括玉米、豆粕、棉粕、菜粕、麦麸、进口鱼粉、磷酸氢钙、98.5%赖氨酸、65%赖氨酸和固体、液体蛋氨酸。

表 1　饲料原料采购均价变化

单位：元/千克、%

项目	玉米	豆粕	棉粕	菜粕	麦麸	进口鱼粉
2016 年 10 月	1.91	3.34	2.92	2.38	1.50	11.99
环比	−1.5	2.5	−0.3	0.0	6.4	−4.5
同比	−7.7	14.4	5.4	12.3	11.9	−6.3
2016 年 1～10 月累计均价	1.96	3.01	2.74	2.18	1.35	12.70
累计同比	−16.2	−4.4	−4.2	−4.0	−14.0	−8.5

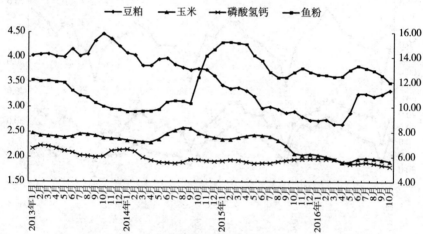

图 4　2013—2016 年饲料大宗原料月度采购均价走势（元/千克）

注：鱼粉价格参考右侧刻度值

表 2　饲料添加剂采购均价变化

单位：元/千克、%

项目	磷酸氢钙	赖氨酸（98.5%）	赖氨酸（65%）	蛋氨酸（固体）	蛋氨酸（液体）
2016 年 10 月	1.81	8.33	5.03	26.38	22.56
环比	−1.6	−4.5	−4.6	−4.2	−3.1
同比	−7.2	9.2	9.1	−22.2	−14.3
2016 年 1～10 月累计均价	1.89	8.21	4.98	30.29	24.62
累计同比	−1.0	−1.4	−3.7	−27.3	−24.9

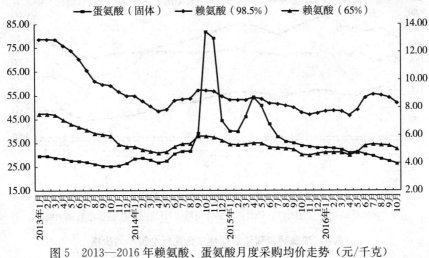

图 5　2013—2016 年赖氨酸、蛋氨酸月度采购均价走势（元/千克）
注：赖氨酸（98.5%）和赖氨酸（65%）价格参考右侧刻度值

四、饲料产品价格情况

10 月，各饲料产品价格环比中，猪、蛋禽、肉禽、水产配合饲料价格环比分别下降 0.3%、0.7%、0.3%、0.5%；猪浓缩饲料价格环比下降 0.2%，蛋禽、肉禽浓缩饲料价格环比均增长 0.5%；猪、蛋禽添加剂预混合饲料价格环比均增长 0.2%，肉禽添加剂预混合饲料环比持平（表 3、表 4、图 6、图 7、图 8）。

表 3　配合饲料全国平均价格

单位：元/千克、%

项目	配合饲料			
	育肥猪	蛋鸡高峰	肉大鸡	鲤鱼成鱼
2016 年 10 月	3.09	2.82	3.08	4.03
环比	−0.3	−0.7	−0.3	−0.5
同比	−2.8	−4.4	−4.3	−0.5
2016 年 1～10 月累计均价	3.08	2.85	3.10	4.00
累计同比	−6.7	−7.2	−6.6	−3.1

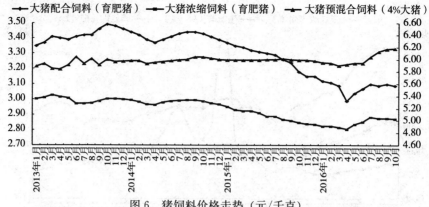

图 6　猪饲料价格走势（元/千克）

注：大猪浓缩饲料（育肥猪）和大猪预混合饲料（4％大猪）价格参考右侧刻度值

表 4　浓缩饲料和添加剂预混合饲料全国平均价格

单位：元/千克、%

项目	浓缩饲料			添加剂预混合饲料		
	育肥猪	蛋鸡高峰	肉大鸡	4％大猪	5％蛋鸡高峰	5％肉大鸡
2016 年 10 月	5.03	3.74	4.20	6.18	5.46	5.88
环比	−0.2	0.5	0.5	0.2	0.2	0.0
同比	1.2	−1.3	0.2	3.2	3.2	1.6
2016 年 1～10 月 累计均价	4.97	3.72	4.16	6.01	5.35	5.84
累计同比	−2.5	−4.1	−2.3	0.2	0.6	1.0

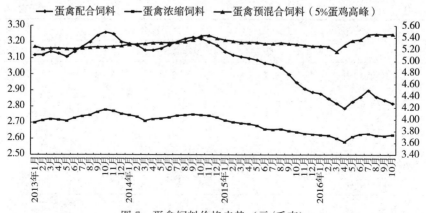

图 7　蛋禽饲料价格走势（元/千克）

注：蛋禽浓缩饲料和蛋禽预混合饲料（5％蛋鸡高峰）价格参考右侧刻度值

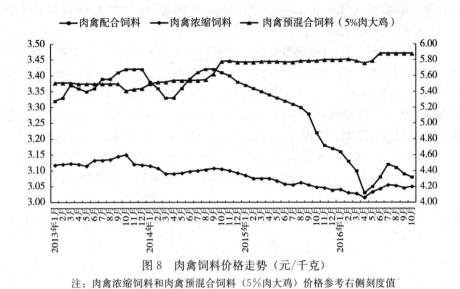

图8　肉禽饲料价格走势（元/千克）

注：肉禽浓缩饲料和肉禽预混合饲料（5％肉大鸡）价格参考右侧刻度值

五、本月饲料和畜牧行业值得关注的情况

1. 猪饲料。10月全国批发市场毛猪平均17.16元/千克，环比下降7.7％，同比下降2.3％。节后市场消费出现阶段性低迷，生猪屠宰企业压价收购，月初猪价持续下跌，中旬市场开始恢复，价格回暖，但涨幅有限，月度环比继续走跌。本月生猪养殖效益继续下降，但依然保持盈利，饲料需求保持增长趋势，猪饲料产量环比增长0.4％，同比上涨5.1％。

2. 蛋禽饲料。10月全国批发市场鸡蛋平均价格7.46元/千克，环比下降9.0％，同比下降6.4％。国庆节之后终端以消耗库存为主，加上气温下降、产蛋鸡产蛋性能增加，鸡蛋供应充足，价格下降。本月蛋禽养殖效益萎缩，养殖户补栏不积极，饲料需求下降。本月蛋禽饲料环比下降0.6％，同比增长21.7％。

3. 肉禽饲料。10月全国批发市场活鸡平均价格18.01元/千克，环比下降7.9％，同比增长1.3％。节后市场需求放缓，疫情多发致养殖户出栏积极性增加，加上周边产品价格走跌，肉禽产品价格下跌。饲料产量环比增长9.6％，同比增长13.3％。

4. 水产饲料。10月全国批发市场鲤鱼平均价格为11.50元/千克，环比下降0.5％，同比下降7.2％；草鱼平均价格为12.84元/千克，环比下降1.5％，同比增长6.0％；带鱼平均价格为32.73元/千克，环比增长0.3％，同比增长13.8％。淡水产品出塘量增加，整体供应充足，月度均价环比下降。

本月水产养殖进入季节性萎缩阶段，投苗量下降，水产饲料产量环比下降42.1%，同比下降 15.6%。

　　5. 反刍饲料。10 月全国批发市场牛肉平均价格为 52.83 元/千克，环比下降 0.8%，同比下降 1.7%；羊肉平均价格为 43.54 元/千克，环比下降0.5%，同比下降 8.1%。节后消费放缓，以及养殖户出栏肉牛略有增加，屠宰企业压价，牛肉价格环比下降；草料价格上涨，养殖户加大肉羊出栏量，总体供应依旧相对过剩，羊肉价格环比继续走跌；同时，奶加工处于生产旺季，在国际奶制品价格上涨的带动下，国内原奶价格环比上涨。本月奶牛养殖处于生产旺季，饲料需求增加。反刍饲料产量环比上涨 8.8%，同比增长 13.3%。

2016 年 11 月全国饲料生产形势分析

一、基本生产情况

11 月，据农业部重点跟踪的 180 家饲料企业统计数据显示，饲料总产量同比增长 17.0％，环比增长 3.0％。从饲料品种看，猪饲料、蛋禽饲料、肉禽饲料、反刍饲料环比分别增长 11.0％、6.3％、0.6％、13.5％，水产饲料环比大幅下降 43.7％，其他饲料环比基本持平（图 1、图 2）。

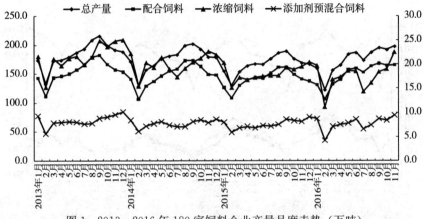

图 1　2013—2016 年 180 家饲料企业产量月度走势（万吨）

注：浓缩饲料和添加剂预混合饲料参考右侧刻度值

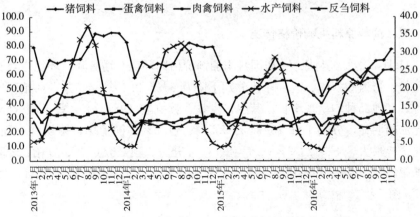

图 2　2013—2016 年 180 家饲料企业不同品种饲料产量月度走势（万吨）

注：水产饲料和反刍饲料参考右侧刻度值

二、不同规模企业情况

11月不同规模企业环比情况：月产 1 万吨以上的企业产量环比增长 3.1%，月产 0.5 万～1 万吨的企业产量环比增长 4.8%，月产 0.5 万吨以下的企业产量环比增长 0.7%。

11月不同规模企业同比情况：月产 1 万吨以上的企业产量同比增长 17.8%，月产 0.5 万～1 万吨的企业产量同比增长 20.9%，月产 0.5 万吨以下的企业产量同比增长 7.7%（图 3）。

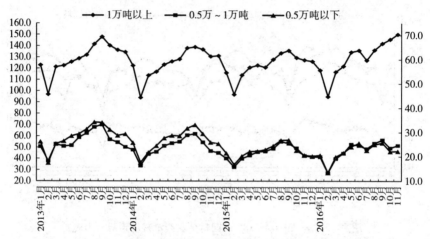

图 3　2013—2016 年不同规模饲料企业产量走势（万吨）

注：0.5万～1万吨和0.5万吨以下企业产量参考右侧刻度值

三、饲料原料采购价格情况

11月，主要饲料原料*和饲料添加剂价格同环比有增有降。环比中，除进口鱼粉、蛋氨酸（固、液）环比分别下降 0.6%、3.3%、4.5%，棉粕环比持平外，其他品种均呈现增长，其中，麦麸、赖氨酸（98.5%）、赖氨酸（65%）环比涨幅明显，分别上涨 10.7%、9.5%、11.5%。同比中，蛋氨酸（固体）同比降幅最大，下降 23.9%；赖氨酸（98.5%）、赖氨酸 65%、豆粕、麦麸同比涨幅均在 20% 以上，其中，麦麸上涨幅度最大，上涨 26.7%（表 1、表 2、图 4、图 5）。

---

* 主要饲料原料包括玉米、豆粕、棉粕、菜粕、麦麸、进口鱼粉、磷酸氢钙、98.5%赖氨酸、65%赖氨酸和固体、液体蛋氨酸。

表1　饲料原料采购均价变化

单位：元/千克、%

项目	玉米	豆粕	棉粕	菜粕	麦麸	进口鱼粉
2016年11月	1.92	3.42	2.92	2.41	1.66	11.92
环比	0.5	2.4	0.0	1.3	10.7	−0.6
同比	−5.9	21.7	9.8	15.9	26.7	−9.2
2016年1~11月累计均价	1.95	3.04	2.76	2.20	1.37	12.63
累计同比	−15.6	−2.6	−2.8	−2.2	−11.0	−8.6

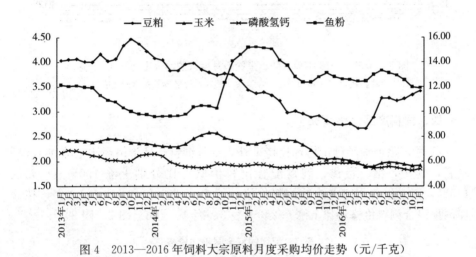

图4　2013—2016年饲料大宗原料月度采购均价走势（元/千克）

注：鱼粉价格参考右侧刻度值

表2　饲料添加剂采购均价变化

单位：元/千克、%

项目	磷酸氢钙	赖氨酸（98.5%）	赖氨酸（65%）	蛋氨酸（固体）	蛋氨酸（液体）
2016年11月	1.85	10.25	6.15	25.50	21.54
环比	2.2	23.0	22.3	−3.3	−4.5
同比	−5.6	37.0	35.2	−23.9	−17.9
2016年1~11月累计均价	1.89	8.39	5.09	29.86	24.34
累计同比	−1.6	1.7	−0.4	−27.0	−24.4

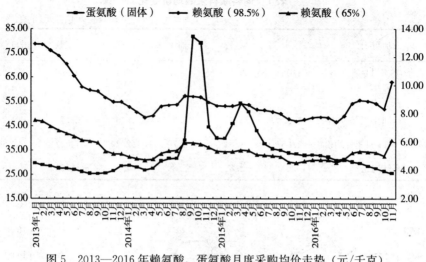

图 5　2013—2016 年赖氨酸、蛋氨酸月度采购均价走势（元/千克）

注：赖氨酸（98.5%）和赖氨酸（65%）价格参考右侧刻度值

四、饲料产品价格情况

11 月，除个别品种价格环比持平外，本月饲料产品价格环比上涨在 1.0%
左右，其中，猪、蛋禽、肉禽配合饲料价格环比分别上涨 1.0%、0.7%、
1.0%，猪、蛋禽、肉禽浓缩饲料价格环比上涨 1.2%、1.6%、1.0%，猪添
加剂预混合饲料价格环比上涨 0.2%（表 3、表 4、图 6、图 7、图 8）。

表 3　配合饲料全国平均价格

单位：元/千克、%

项目	配合饲料			
	育肥猪	蛋鸡高峰	肉大鸡	鲤鱼成鱼
2016 年 11 月	3.12	2.84	3.11	4.03
环比	1.0	0.7	1.0	0.0
同比	−1.0	−2.4	−2.2	−0.7
2016 年 1~11 月累计均价	3.08	2.84	3.10	4.00
累计同比	−6.1	−6.9	−6.3	−2.9

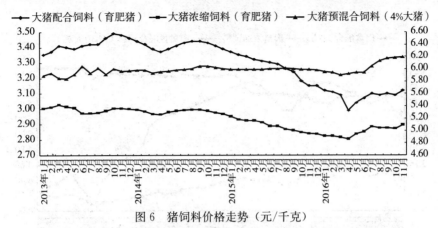

图 6　猪饲料价格走势（元/千克）

注：大猪浓缩饲料（育肥猪）和大猪预混合饲料（4％大猪）价格参考右侧刻度值

表 4　浓缩饲料和添加剂预混合饲料全国平均价格

单位：元/千克、%

项目	浓缩饲料			添加剂预混合饲料		
	育肥猪	蛋鸡高峰	肉大鸡	4％大猪	5％蛋鸡高峰	5％肉大鸡
2016 年 11 月	5.09	3.80	4.24	6.19	5.46	5.88
环比	1.2	1.6	1.0	0.2	0.0	0.0
同比	2.8	1.1	1.4	3.3	3.6	1.4
2016 年 1～11 月 累计均价	4.98	3.73	4.16	6.03	5.36	5.84
累计同比	−2.2	−3.6	−2.1	0.7	0.9	1.0

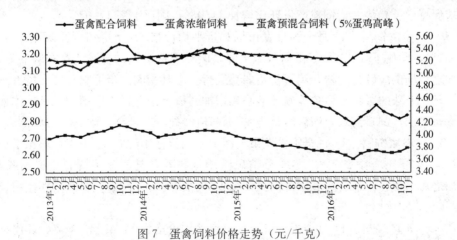

图 7　蛋禽饲料价格走势（元/千克）

注：蛋禽浓缩饲料和蛋禽预混合饲料（5％蛋鸡高峰）价格参考右侧刻度值

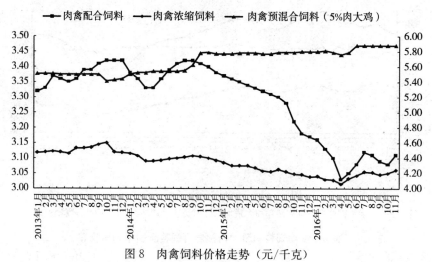

图 8   肉禽饲料价格走势（元/千克）

注：肉禽浓缩饲料和肉禽预混合饲料（5％肉大鸡）价格参考右侧刻度值

五、本月饲料和畜牧行业值得关注的情况

1. 猪饲料。11 月全国批发市场毛猪平均 16.97 元/千克，环比下降 1.1％，同比下降 0.1％。本月降温、降雪天气以及南方腊肉消费对猪价影响较为明显，市场消费有所回升，加之养殖户惜售情绪较高，市场适重猪源偏紧，生猪屠宰企业压价收购效果不明显，猪价基本呈现持续上涨态势，但月度环比继续走跌。本月下旬生猪养殖效益有所提高，生猪存栏小幅回升，饲料需求保持增长趋势，猪饲料产量环比增长 11.0％，同比上涨 17.0％。

2. 蛋禽饲料。11 月全国批发市场鸡蛋平均价格 7.45 元/千克，环比下降 0.1％，同比下降 4.5％。随着气温下降，肉类消费增加，蛋类消费有所下降，加之市场供应较为宽松，鸡蛋价格弱势运行。本月受淘汰蛋毛鸡月度出场批发价环比上涨的影响，蛋禽养殖效益小幅增加，产蛋期存栏小幅增加，且单体采食量增加，饲料需求上涨。本月蛋禽饲料环比增长 6.3％，同比增长 15.6％。

3. 肉禽饲料。11 月全国批发市场活鸡平均价格 18.28 元/千克，环比增长 1.5％，同比增长 2.7％。冬季疫情风险增加，养殖补栏量下降，出栏增长，加之禽肉市场需求放缓，本月肉禽市场整体偏弱运行。肉禽饲料产量环比增长 0.6％，同比增长 20.5％。

4. 水产饲料。11 月全国批发市场鲤鱼平均价格为 11.48 元/千克，环比下降 0.2％，同比下降 5.4％；草鱼平均价格为 12.82 元/千克，环比下降

0.2%，同比增长 8.1%；带鱼平均价格为 32.88 元/千克，环比增长 0.5%，同比增长 13.5%。水产养殖继续萎缩，淡水产品出塘量增加，整体供应充足，月度均价环比下降。本月水产养殖继续呈现季节性萎缩，投苗量下降，整体存塘量下降，水产饲料产量环比下降 43.7%，同比下降 2.6%。

5. 反刍饲料。11 月全国批发市场牛肉平均价格为 53.24 元/千克，环比增长 0.8%，同比下降 1.5%；羊肉平均价格为 43.69 元/千克，环比增长 0.3%，同比下降 6.8%。冬季气温下降，牛羊肉进入消费旺季，消费有所增加，牛羊肉价格环比小幅上涨；同时，奶牛处于繁殖期，奶加工处于生产旺季，在国际奶制品价格上涨的带动下，国内原奶价格环比上涨。本月饲料需求增加，反刍饲料产量环比上涨 13.5%，同比增长 15.6%。

2016 年 12 月全国饲料生产形势分析

一、基本生产情况

12 月，据农业部重点跟踪的 180 家饲料企业统计数据显示，饲料总产量同比增长 6.3%，环比下降 4.1%。从饲料品种看，猪饲料、蛋禽饲料、肉禽饲料、水产饲料、反刍饲料环比分别下降 4.6%、1.2%、0.6%、34.2%、9.5%，其他饲料环比上涨 5.6%（图 1、图 2）。

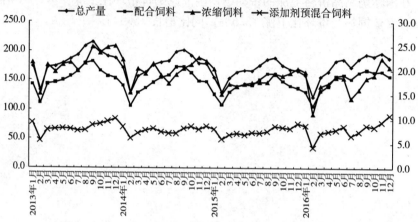

图 1　2013—2016 年 180 家饲料企业产量月度走势（万吨）

注：浓缩饲料和添加剂预混合饲料参考右侧刻度值

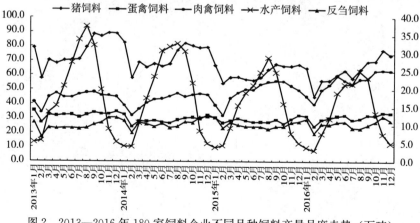

图 2　2013—2016 年 180 家饲料企业不同品种饲料产量月度走势（万吨）

注：水产饲料和反刍饲料参考右侧刻度值

二、不同规模企业情况

12月不同规模企业环比情况：月产 1 万吨以上的企业产量环比下降 1.8%，月产 0.5 万～1 万吨的企业产量环比下降 9.7%，月产 0.5 万吨以下的企业产量环比下降 11.8%。

12月不同规模企业同比情况：月产 1 万吨以上的企业产量同比增长 17.0%，月产 0.5 万～1 万吨的企业产量同比增长 8.9%，月产 0.5 万吨以下的企业产量同比下降 1.4%（图3）。

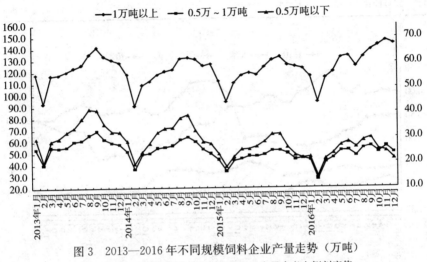

图 3　2013—2016 年不同规模饲料企业产量走势（万吨）

注：0.5 万～1 万吨和 0.5 万吨以下企业产量参考右侧刻度值

三、饲料原料采购价格情况

12月，主要饲料原料*和饲料添加剂价格同环比有增有降。环比中，玉米下降 2.6%，其他品种均呈现增长，其中，磷酸氢钙、赖氨酸（98.5%）、赖氨酸（65%）环比涨幅明显，分别上涨 8.1%、10.3%、13.0%。同比中，蛋氨酸（固体）降幅最大，下降 21.2%，赖氨酸（98.5%、65%）、豆粕、菜粕、麦麸涨幅均在 20% 以上，其中，赖氨酸（98.5%、65%）涨幅最大，分别上涨 49.2%、48.8%（表1、表2、图4、图5）。

＊ 主要饲料原料包括玉米、豆粕、棉粕、菜粕、麦麸、进口鱼粉、磷酸氢钙、98.5%赖氨酸、65%赖氨酸和固体、液体蛋氨酸。

表1 饲料原料采购均价变化

单位：元/千克、%

项目	玉米	豆粕	棉粕	菜粕	麦麸	进口鱼粉
2016 年 12 月	1.87	3.50	2.99	2.45	1.70	11.93
环比	−2.6	2.3	2.4	1.7	2.4	0.1
同比	9.2	27.7	13.3	21.9	25.9	−6.9
2016 年 1～12 月累计均价	1.95	3.08	2.79	2.22	1.40	12.57
累计同比	−14.8	−0.3	−1.1	−0.4	−8.5	−8.4

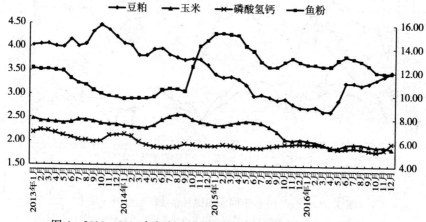

图4   2013—2016 年饲料大宗原料月度采购均价走势（元/千克）

注：鱼粉价格参考右侧刻度值

表2 饲料添加剂采购均价变化

单位：元/千克、%

项目	磷酸氢钙	赖氨酸 (98.5%)	赖氨酸 (65%)	蛋氨酸 (固体)	蛋氨酸 (液体)
2016 年 12 月	2.00	11.31	6.95	26.00	22.26
环比	8.1	10.3	13.0	2.0	3.3
同比	1.5	49.2	48.8	−21.2	−14.8
2016 年 1～12 月累计均价	1.90	8.64	5.24	29.54	24.17
累计同比	−1.0	5.4	3.1	−26.6	−23.7

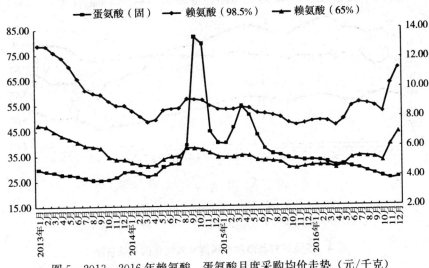

图5 2013—2016年赖氨酸、蛋氨酸月度采购均价走势（元/千克）
注：赖氨酸（98.5%）和赖氨酸（65%）价格参考右侧刻度值

四、饲料产品价格情况

12月，除个别品种价格环比持平外，本月饲料产品价格环比保持上涨趋势，其中，猪、肉禽配合饲料价格环比分别上涨1.0%、1.3%，蛋禽配合饲料价格环比持平；猪、蛋禽、肉禽浓缩饲料价格环比上涨1.0%、1.3%、0.7%；蛋禽、肉禽添加剂预混合饲料价格环比分别上涨0.2%、0.3%，猪添加剂预混合饲料价格环比持平（表3、表4、图6、图7、图8）。

表3 配合饲料全国平均价格

单位：元/千克、%

项目	配合饲料			
	育肥猪	蛋鸡高峰	肉大鸡	鲤鱼成鱼
2016年12月	3.15	2.84	3.15	4.07
环比	1.0	0.0	1.3	1.0
同比	0.0	−1.7	−0.6	0.5
2016年1~12月累计均价	3.09	2.84	3.10	4.01
累计同比	−5.5	−6.6	−5.8	−2.7

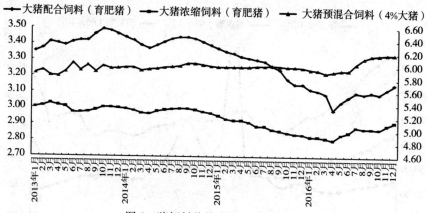

图 6   猪饲料价格走势（元/千克）

注：大猪浓缩饲料（育肥猪）和大猪预混合饲料（4%大猪）价格参考右侧刻度值

表 4   浓缩饲料和添加剂预混合饲料全国平均价格

单位：元/千克、%

项目	浓缩饲料			添加剂预混合饲料		
	育肥猪	蛋鸡高峰	肉大鸡	4%大猪	5%蛋鸡高峰	5%肉大鸡
2016 年 12 月	5.14	3.85	4.27	6.19	5.47	5.90
环比	1.0	1.3	0.7	0.0	0.2	0.3
同比	4.0	2.7	2.9	3.5	4.0	1.7
2016 年 1~12 月 累计均价	4.99	3.74	4.17	6.04	5.37	5.84
累计同比	−1.6	−3.1	−1.9	0.8	1.1	1.0

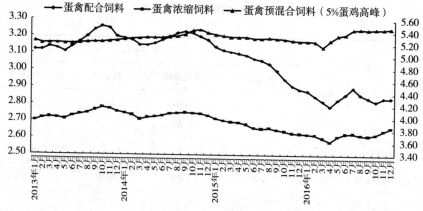

图 7   蛋禽饲料价格走势（元/千克）

注：蛋禽浓缩饲料和蛋禽预混合饲料（5%蛋鸡高峰）价格参考右侧刻度值

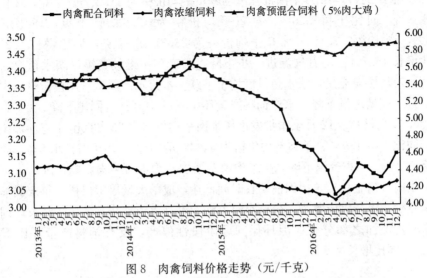

图 8 肉禽饲料价格走势（元/千克）

注：肉禽浓缩饲料和肉禽预混合饲料（5%肉大鸡）价格参考右侧刻度值

五、本月饲料和畜牧行业值得关注的情况

1. 猪饲料。12 月全国批发市场毛猪平均 18.30 元/千克，环比增长 7.8%，同比增长 9.8%。受养殖户惜售以及南方腊肉制作和元旦节前猪肉需求适度增长影响，本月出栏毛猪月度收购均价环比继续上涨。12 月生猪存栏环比继续下降，原料和运输成本上涨，年前提前备货陆续结束，同时，部分地区因环保影响停产，饲料企业本月猪饲料产量环比下降 4.6%，同比上涨 9.6%。

2. 蛋禽饲料。12 月全国批发市场鸡蛋平均价格 7.14 元/千克，环比下降 4.2%，同比下降 10.8%。蛋鸡存栏整体偏大，鸡蛋库存量增加，市场供应充足，冬季肉类消费增加，禽蛋需求量增加不大，蛋价上涨动力不足，鸡蛋价格下跌。本月蛋鸡养殖盈利水平环比下降明显，养殖户补栏积极性受挫，饲料需求放缓，加上环保压力加大，饲料企业开工率降低，蛋禽饲料环比下降 1.2%，同比增长 4.0%。

3. 肉禽饲料。12 月全国批发市场活鸡平均价格 18.18 元/千克，环比下降 0.5%，同比下降 0.6%。肉禽供应总量依旧偏大，同时，受禽流感疫情影响，年前消费提量不大，月度肉禽环比批发价走跌。目前，年前补栏高峰已过，加之市场处于禽流感危险期，养殖户处于补栏谨慎阶段，本月饲料产量环比下降 0.6%，同比增长 4.3%。

4. 水产饲料。12 月全国批发市场鲤鱼平均价格为 11.27 元/千克，环比下降 1.8%，同比下降 5.6%；草鱼平均价格为 12.63 元/千克，环比下降 1.5%，同比增长 7.1%；带鱼平均价格为 33.27 元/千克，环比增长 1.2%，同比增长 15.7%。随着气温进一步下降，水产养殖继续萎缩，淡水鱼出塘率提高，市场供应充足，淡水鱼月度均价下跌。本月水产养殖月度投苗量环比下降，月末存塘总量下降，水产饲料产量环比下降 34.2%，同比下降 2.0%。

5. 反刍饲料。12 月全国批发市场牛肉平均价格为 53.23 元/千克，环比持平，同比下降 1.9%；羊肉平均价格为 44.49 元/千克，环比增长 1.8%，同比下降 5.2%。冬季气温下降，牛羊肉消费增加，受进口牛肉影响，国内货源充足，牛肉价格企稳；羊肉因前期长时间低迷，成羊大量屠宰出栏，年末成羊存栏量减少，市场供应紧张，价格小幅上涨。本月反刍动物越冬备货结束，饲料需求回落，加之部分企业因环保问题阶段性停产，反刍饲料产量环比下降 9.5%，同比增长 2.7%。

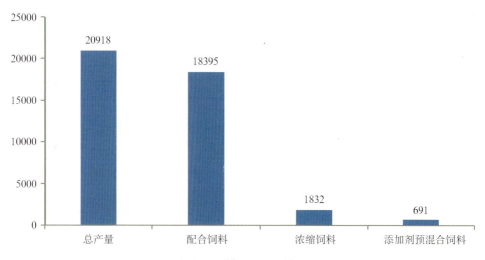

图1　2016年全国饲料产品生产情况（万吨）

图2　2016年全国饲料产品主要品种生产情况（万吨）

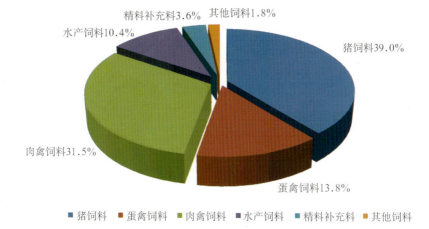

猪饲料39.0%

蛋禽饲料13.8%

肉禽饲料31.5%

水产饲料10.4%

精料补充料3.6%

其他饲料1.8%

■ 猪饲料 ■ 蛋禽饲料 ■ 肉禽饲料 ■ 水产饲料 ■ 精料补充料 ■ 其他饲料

图3　2016年配合饲料产品结构

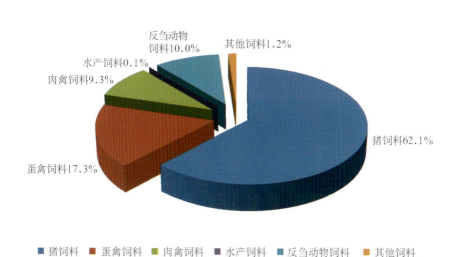

猪饲料62.1%

蛋禽饲料17.3%

肉禽饲料9.3%

水产饲料0.1%

反刍动物饲料10.0%

其他饲料1.2%

■ 猪饲料 ■ 蛋禽饲料 ■ 肉禽饲料 ■ 水产饲料 ■ 反刍动物饲料 ■ 其他饲料

图4　2016年浓缩饲料产品结构

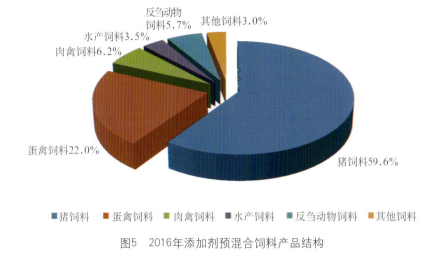

猪饲料 ■ 蛋禽饲料 ■ 肉禽饲料 ■ 水产饲料 ■ 反刍动物饲料 ■ 其他饲料

图5 2016年添加剂预混合饲料产品结构

图6 2013—2016年猪饲料价格走势（元/千克）

注：浓缩饲料（育肥猪）和4%大猪预混合饲料价格参考右侧刻度值

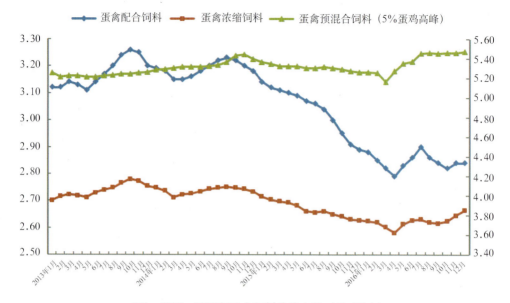

图7　2013—2016年蛋禽饲料价格走势（元/千克）

注：蛋禽浓缩饲料和蛋禽预混合饲料（5％蛋鸡高峰）价格参考右侧刻度值

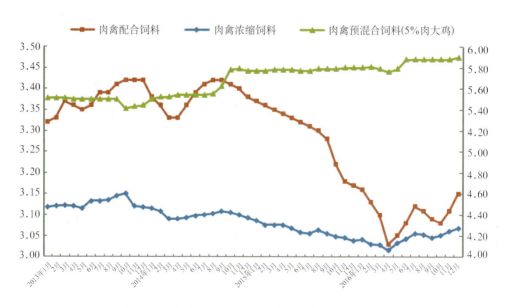

图8　2013—2016年肉禽价格走势（元/千克）

注：肉禽浓缩饲料和肉禽预混合饲料（5％肉大鸡）价格参考右侧刻度值